U0263624

张英伯 主编

美妙数学花园
Meimiao Shuxue Huayuan

对称中的数学

张英伯 著

科学出版社

北京

内 容 简 介

本书从日常生活司空见惯的对称现象出发,比如左右对称的人体、蝴蝶和拱桥,平移对称的裙子花边,旋转对称的风车和凤凰卫视台标等,介绍了现代数学关于对称现象的刻画,从而引出了代数学上的基本概念——群.

本书适合中学生和中学数学教师阅读参考.

图书在版编目(CIP)数据

对称中的数学/张英伯著. —北京:科学出版社,2011
(美妙数学花园)
ISBN 978-7-03-031723-0

Ⅰ. ①对… Ⅱ. ①张… Ⅲ. ①对称–普及读物 ②群论–普及读物
Ⅳ. ①O411.1-49

中国版本图书馆 CIP 数据核字(2011) 第 118881 号

责任编辑:陈玉琢/责任校对:鲁 素
责任印制:吴兆东/封面设计:王 浩

科 学 出 版 社 出版
北京东黄城根北街 16 号
邮政编码:100717
http://www.sciencep.com
三河市骏杰印刷有限公司印刷

科学出版社发行 各地新华书店经销
*
2011 年 6 月第 一 版 开本:720×1000 1/16
2024 年 9 月第七次印刷 印张:8 1/2
字数:156 000
定价:**39.00** 元
(如有印装质量问题, 我社负责调换)

《美妙数学花园》丛书序

今天，人类社会已经从渔猎时代、农耕时代、工业时代，发展到信息时代．科学技术的巨大成就，为人类带来了丰富的物质财富和越来越美好的生活．而信息时代高度发达的科学技术的基础，本质上是数学科学．

自从人类建立了现行的学校教育体制，语文和数学就是中小学两门最主要的课程．如果说文学因为民族的差异，在各个国家之间有很大的不同，那么数学在世界上所有的国家都是一致的，仅有教学深浅、课本编排的不同．

我国在清末民初时期西学东渐，逐步从私塾科举过渡到现代的学校教育，一直十分重视数学．中华民族的有识之士从清朝与近代科技隔绝的情况下起步，迅速学习了西方的民主与科学．在 20 世纪前半叶短短的几十年间，在我们自己的小学、中学、大学毕业，然后留学欧美的学生当中，不仅产生了一批社会科学方面的大师，而且

产生了数学、物理学等自然科学领域对学科发展做出了重大贡献的享誉世界的科学家. 他们的成就表明, 有着五千年灿烂文化的中华民族是有能力在科学技术领域达到世界先进水平的.

在 20 世纪五六十年代, 为了选拔和培养拔尖的数学人才, 华罗庚与当时中国的许多知名数学家一道, 学习苏联的经验, 提倡和组织了数学竞赛. 数学家们为中学生举办了专题讲座, 并且在讲座的基础上出版了一套面向中学生的《数学小丛书》. 当年爱好数学的中学生十分喜爱这套丛书. 在经历过那个时代的中国科学院院士和全国高等院校的数学教授当中, 几乎所有的人都读过这套丛书.

诚然, 我国目前的数学竞赛和数学教育由于体制的问题备遭诟病. 但是我们相信, 成长在信息时代的今天的中学生, 会有更多的孩子热爱数学; 置身于社会转型时期的中学里, 会有更多的数学教师渴望培养出优秀的科技人才.

数学家能够为中学生和中学教师做些什么呢? 数学本身是美好的, 就像一个美丽的花园. 这个花园很大,我们并不能走遍她, 完全地了解她. 但是我们仍然愿意将自己心目中美好的数学, 将我们对数学的点滴领悟, 写给喜爱数学的中学生和数学老师们.

张英伯

2011 年 5 月

目　录

引 言

我们从小就看惯了对称图形. 例如, 蝴蝶的左右对称, 小桥流水的对称 (图 0.1).

图 0.1　反射对称

纸风车的对称, 凤凰卫视台标的对称 (图 0.2).

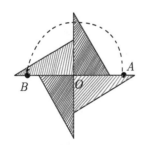

图 0.2　旋转对称

还有花瓣围绕着花蕊的对称, 在 "几何" 课程中非常熟悉的正六边形的对称 (图 0.3).

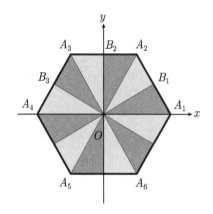

图 0.3　反射对称与旋转对称

　　将正六边形 $A_1A_2A_3A_4A_5A_6$ 放在以它的中心 O 为原点,一条半径为 x 轴的直角坐标系中. 当整个平面围绕着原点 O 逆时针旋转 $60°,120°,180°,240°,300°$ 角时,正六边形仍然落在原来的图形上. 换言之,旋转后的正六边形与原来的图形重合,尽管除原点外,其他各点的位置都发生了改变. 当然,如果转过 $360°$ 角,就与原来的图形点点相符了. 另一方面,记 B_1,B_2,B_3 分别是正六边形的边 A_1A_2,A_2A_3,A_3A_4 的中点,那么当平面沿着 $OA_1,OB_1,OA_2,OB_2,OA_3,OB_3$ 这 6 条直线的任意一条为轴进行翻折后,正六边形仍然落在原来的图形上. 也就是说,翻折后的正六边形与原来的图形重合,尽管除对称轴上的点外,其他各点的位置都发生了改变.

2

　　上面的几个图形都是有界的, 平面对称图形也可以是无界的. 例如, 女同学裙子的花边可以看成下述无限延伸的图形的一部分 (图 0.4 和图 0.5).

图 0.4　平移对称

图 0.5　滑动反射

　　图 0.6 是在家庭或宾馆墙壁上常见的墙纸.

图 0.6　沿两条相交直线的平移

　　同学们早已在小学和中学的数学课上听到过旋转、翻折和平移这几个名词,并且看到过关于它们的演示. 今后按照惯例,将翻折称为平面反射,对称轴为反射轴.

　　那么自然会问:正六边形只有上述 12 种形式的对称吗?平面无界图形的对称是怎么回事呢?圆是人们认为对称性最强的平面图形,它的对称性是怎样描述的呢?

　　空间的对称现象更是俯拾皆是的,如正多面体的对称、球面的对称. 大自然的树木花草、鸟兽鱼虫,人类的城市布局、殿堂楼宇,随处可见对称的现象.

　　对称这件事情,人类从五千年前的古埃及时代就已经注意到了. 在古埃及留下的壁画中,有很多美丽的对称图形. 尽管人类早已注意到了图形的对称现象,但是关于对称性的数学含义,直到四百年前欧洲的文艺复兴时期,才由意大利艺术家、科学家达·芬奇揭示出来. 到了 19 世纪中叶,天才的数学家伽罗瓦奠定了现代代数学的理论基础. 图形的对称问题就成为理论大厦中一个有趣的特例.

　　在中学阶段,"平面图形的对称性"主要是借助于图形的直观来描述的. 能否用数学的方法来精确地定义"对称"呢？在本书中，将基于代数学的基本概念，为读者介绍平面图形和一些空间图形对称性的数学理论，并给出数学推导. 这些推导只涉及中学的平面几何、立体几何、解析几何、代数学和三角学中的知识. 本书可以作为中学生的课外读物，或者高中数学课外小组活动的读本，也可以作为大学一、二年级学生"高等代数"和"抽象代数"课程的参考资料.

第 1 章 ·····················

平面刚体运动

刚体运动是一个熟知的物理学现象, 那么在数学上是怎样刻画刚体运动的呢?

探讨这个问题的出发点是平面到自身的映射. 我们都了解集合以及集合之间的映射, 如果一个映射是从一个集合映到自身, 则称之为该集合的一个**变换** (transformation).

在平面上建立直角坐标系 $O\text{-}xy$, 于是平面上的点 P 就与点的坐标 (x,y) 一一对应, 通常记作 $P(x,y)$. 同时, 点 P 也与以原点为起点, P 点为终点的平面向量一一对应, 通常记作 $\overrightarrow{OP}$. 在本书中, 不再区分点的这三种表达形式, 而将按照讨论的方便采用其中任意一种. 将平面上点的坐标的集合记作 $\mathbb{R} \times \mathbb{R}$, 或者简记作 $\mathbb{R}^2$. 根据约定, 也可以将它看成平面. 平面的变换记作 $f : \mathbb{R}^2 \to \mathbb{R}^2$.

如果还有一个平面变换 g, 则可以定义 g 与 f 的乘积 $f \cdot g : \mathbb{R}^2 \to \mathbb{R}^2, (f \cdot g)(P) = f(g(P))$, 也就是说, 任取平

面上的点 P, 先将 g 作用于 P, 再将 f 作用于 $g(P)$. 通常, 将乘积符号 $\cdot$ 省略, 简记作 fg. 写数的乘积时, 习惯认为左边的数在先, 右边的数在后. 当然, 数的乘积满足交换律, 交换左右数字后结果不变. 在这里要特别注意: 变换的乘积与过去的习惯不同, 需要将先作用的变换写在右边, 后作用的写在左边, 而且交换顺序后结果一般会发生改变. 也就是说, 变换的乘积不满足交换律. 后面章节中的式 (3.3)、引理 5.2 和例 12.1 清楚地表明了这一点.

有一个平面变换是平凡的, 但更是重要的, 这就是平面的**恒等变换** (identity), 记作 $\mathrm{id}: \mathbb{R}^2 \to \mathbb{R}^2, P \mapsto P$. 任取平面变换 f, 则有公式

$$\mathrm{id}\, f = f = f\, \mathrm{id}. \tag{1.1}$$

事实上, 对于平面上的点 P,

$$(\mathrm{id}\, f)(P) = \mathrm{id}(f(P)) = f(P),$$

$$(f\, \mathrm{id})(P) = f(\mathrm{id}(P)) = f(P).$$

还有一个显而易见的性质也是常常要用到的, 这就是变换乘积的结合律. 任取三个平面变换 f, g, h,

$$(fg)h = f(gh). \tag{1.2}$$

也就是说, 先作用 h, 再作用乘积 fg, 等同于先作用乘积 gh, 再作用 f. 这件事很容易证明. 事实上, 对于平面上

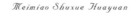

的点 P, 一方面,

$$((fg)h)(P) = (fg)(h(P)) = f(g(h(P)));$$

另一方面,

$$(f(gh))(P) = f((gh)(P)) = f(g(h(P))),$$

因而式 (1.2) 中左右两端的变换在任意点上的作用相同, 所以是同样的变换.

对于平面上的两点 $P(x_1, y_1), Q(x_2, y_2)$, 有两点间的距离公式:

$$|PQ| = \sqrt{(x_1 - x_2)^2 + (y_1 - y_2)^2}.$$

定义 1.1 设 m 是一个平面变换. 如果对于平面上的两点 P, Q, 都有 $|PQ| = |P'Q'|$, 其中 $P' = m(P), Q' = m(Q)$, 那么称 m 为一个平面**刚体运动** (rigid motion).

换言之, 刚体运动就是保持距离不变的运动. 定义 1.1 和我们在物理学中对于刚体运动的理解是一致的, 比如当火车从北京跑到上海时, 火车车厢的长、宽、高都没有改变. 又如在研究正六边形的旋转和反射时, 六边形上任意两点间的距离都不会改变.

引理 1.1 设 m 是一个平面刚体运动,

(1) m 将任意三角形变到与之全等的三角形;

(2) m 将直线变到直线;

(3) m 保持角度不变.

证明 (1) 任取平面上的 $\triangle PQR$, 记 $P' = m(P), Q' = m(Q), R' = m(R)$(图 1.1). 根据刚体运动的定义,

$$|PQ| = |P'Q'|, \quad |QR| = |Q'R'|, \quad |RP| = |R'P'|,$$

所以

$$\triangle PQR \simeq \triangle P'Q'R'.$$

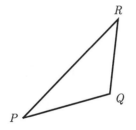
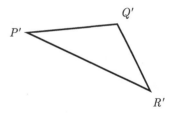

图 1.1

(2) 设平面的两点 R, S 确定直线 RS, P 是直线上任意一点 (图 1.2). 我们来证明 $P' = m(P)$ 位于由 $R' = m(R), S' = m(S)$ 确定的直线 $R'S'$ 上. 假设 P' 不在直线 $R'S'$ 上. 如果 P 位于 R, S 之间, 那么

$$|RP| + |PS| = |RS|,$$

从而 $|R'P'| + |P'S'| = |R'S'|$. 但是在 $\triangle P'R'S'$ 中, $|R'P'| + |P'S'| > |R'S'|$, 矛盾. 如果 P 位于线段 RS 的延长线上,

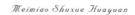

那么

$$|RS| + |SP| = |RP|,$$

从而 $|R'S'| + |S'P'| = |R'P'|$. 但是在 $\triangle P'R'S'$ 中, $|R'S'| + |S'P'| > |R'P'|$, 矛盾. P 位于线段 SR 的延长线上时的情况类似.

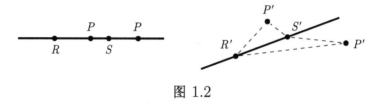

图 1.2

最后证明刚体运动 m 将直线 RS 映满直线 $R'S'$. 任取直线 $R'S'$ 上的点 P', 分别以 R, S 为圆心, $|R'P'|$, $|S'P'|$ 为半径画圆, 两圆的切点 P 使得 $m(P) = P'$.

(3) 任取平面上两两不同的三个点 P, Q, R, 需要证明 $\angle PQR = \angle P'Q'R'$, 其中 $P' = m(P), Q' = m(Q), R' = m(R)$. 如果 P, Q, R 三点不共线, 那么根据 (1), 全等 $\triangle PQR$ 与 $\triangle P'Q'R'$ 的对应角 $\angle PQR = \angle P'Q'R'$. 如果 P, Q, R 三点共线, 那么当 P, R 在 Q 的同侧时, $\angle PQR = \angle P'Q'R' = 0$, 当 P, R 在 Q 的两侧时, $\angle PQR = \angle P'Q'R' = \pi$. 引理证毕.

引理 1.1(1) 的逆命题亦真, 也就是说, 在中学平面

几何中熟知的两个三角形 S 与 S' 全等, 可以将三角形 S' 看成是三角形 S 在某个刚体运动 m 之下的象. 或者说, 三角形 S 经过 m 的作用可以与三角形 S' 重合. 刚体运动 m 的定义如下: 设 $S = \triangle ABC$, $S' = \triangle A'B'C'$, 令 $m : \mathbb{R}^2 \to \mathbb{R}^2$, 使得

$$m(A) = A', \quad m(B) = B', \quad m(C) = C', \tag{1.3}$$

任取 $P \in \mathbb{R}^2$, 定义 $m(P)$ 是分别以 A', B', C' 为圆心, $|AP|, |BP|, |CP|$ 为半径的 3 个圆的交点 P'. 下面的引理保证了 P' 点的存在唯一性.

引理 1.2　已知 $\triangle ABC \simeq \triangle A'B'C'$, 任取平面上的点 P, 证明分别以 A', B', C' 为圆心, AP, BP, CP 为半径的 3 个圆相交, 并且交于唯一的点 P'.

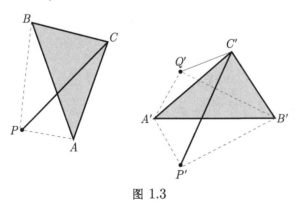

图 1.3

证明　如图 1.3 所示. 若 P 位于 $\triangle ABC$ 的某条边所

11

在的直线上, 如 AB 边, 则分别以 A', B' 为圆心, AP, BP 为半径的两个圆相内切或相外切, 记切点为 P'. 易见 $\triangle P'A'C' \simeq \triangle PAC$(边角边), 于是 $C'P' = CP$.

若 P 不在 $\triangle ABC$ 的任何一条边及其延长线上, 则 P 和 C 在直线 AB 的异侧或同侧. 分别以 A', B' 为圆心, AP, BP 为半径的圆交于两点 P', Q', 使得 $\triangle P'A'B' \simeq \triangle PAB \simeq \triangle Q'A'B'$. 记 $\angle P'A'B' = \angle PAB = \angle Q'A'B' = \theta$. 当 P, C 位于 AB 异侧时, 记 P' 与 C' 位于 $A'B'$ 异侧, 得到 $\angle P'A'C' = \theta + \angle B'A'C' > |\theta - \angle B'A'C'| = \angle Q'A'C'$.

分别在 $\triangle P'A'C'$ 和 $\triangle Q'A'C'$ 中运用余弦定理求 $P'C'$ 和 $Q'C'$, 因为 $A'P' = A'Q'$, $A'C' = A'C'$, 所以 $C'P' > C'Q'$. 另一方面, $\triangle P'A'C' \simeq \triangle PAC$(边角边), $C'P' = CP$. 满足条件的点 P' 是存在唯一的. 当 P, C 位于 AB 同侧时, 情况类似. 引理证毕.

定理 1.1 平面刚体运动 $m : \mathbb{R}^2 \to \mathbb{R}^2$ 是一个单射, 也是满射, 因而是一一映射.

证明 单射是指任意两个不同元素的象也不同. 任取点 $P, Q \in \mathbb{R}^2$, 若 $P \neq Q$, 则 $|PQ| \neq 0$, 记 $P' = m(P)$, $Q' = m(Q)$, $|P'Q'| = |PQ| \neq 0$, 所以 $P' \neq Q'$. m 是一个单射. 满射是指平面 $\mathbb{R}^2$ 中的每一个点都是某个点的象. 取

定 $\triangle ABC$, 则 m 将它映到全等 $\triangle A'B'C'$. 任取 $P' \in \mathbb{R}^2$, 分别以 A, B, C 为圆心, $A'P', B'P', C'P'$ 为半径画圆, 根据引理 1.2, 3 个圆交于唯一的点 P. 显然 $m(P) = P'$. 定理证毕.

引理 1.3 两个平面刚体运动的乘积仍然是平面刚体运动.

证明 设 m_1, m_2 是两个平面刚体运动, 任取平面上的两点 P, Q. 记 $P' = m_1(P), Q' = m_1(Q), P'' = (m_2 m_1)(P)$, $Q'' = (m_2 m_1)(Q)$, 于是 $|P''Q''| = |P'Q'| = |PQ|$, 变换 $m_2 m_1$ 仍然是一个刚体运动. 引理证毕.

平移、旋转和反射

在本章中,给出平移、旋转和反射的数学公式.

我们先来回忆**平移** (translation) 的坐标表达式. 在平面上建立直角坐标系 $O\text{-}xy$, 为了表述简便起见, 有时将向量 $\overrightarrow{OP}$ 记作黑体小写希腊字母, 如 $\boldsymbol{\alpha}$. 注意到向量仅与方向和长度有关, 而与起点的位置无关, 通常将平面按照向量 $\boldsymbol{\alpha}$ 的平移记作 $t_{\boldsymbol{\alpha}}$, 它是一个平面刚体运动.

定理 2.1 设 $A(u,v)$ 是平面上的点, 向量 $\boldsymbol{\alpha} = \overrightarrow{OA}$, 则任取点 $P(x,y)$, $t_{\boldsymbol{\alpha}}(P)$ 的坐标 (x',y') 为 (图 2.1)

$$\begin{cases} x' = x + u, \\ y' = y + v. \end{cases}$$

例 2.1 在图 0.4 的花边图案中, 以下底边为 Ox 轴, 记下方圆弧所对的弦长为 u. 对平面进行平移变换

$$\begin{cases} x' = x + u, \\ y' = y. \end{cases}$$

平移之后的花边图案与原来的图案重合.

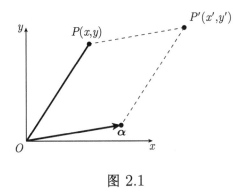

图 2.1

在后面的证明中, 常常用到下述显而易见的事实: 如果两个角的两组边分别垂直,则这两个角相等或者互补. 例如, 图 2.2 中 $\angle ABC$ 与 $\angle A'B'C'$ 的两组边 $BA \perp B'A'$,

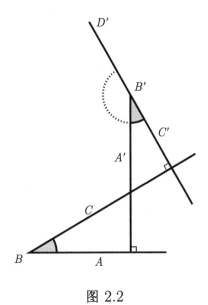

图 2.2

$BC \perp B'C'$, $\angle ABC = \angle A'B'C'$. 同时, $\angle ABC$ 与 $\angle A'B'D'$ 的两组边也分别垂直, 而 $\angle ABC + \angle A'B'D' = \pi$.

定理 2.2 设 ρ_θ 是平面绕原点逆时针转过角 θ 的**旋转** (rotation), 则任取平面上的点 $P(x,y)$, $P' = \rho_\theta(P)$ 的坐标 (x', y') 为

$$\begin{cases} x' = x\cos\theta - y\sin\theta, \\ y' = x\sin\theta + y\cos\theta. \end{cases} \tag{2.1}$$

证明 如图 2.3 所示, 从 P 点向 Ox 轴引垂线, 垂足为 Q. 从 P' 点向 Ox' 轴引垂线, 垂足为 Q'. 因为 $|OP'| = |OP|$,

$$\angle OQ'P' = \frac{\pi}{2} = \angle OQP,$$

$$\angle P'OQ' = \angle POQ' + \theta = \angle POQ,$$

所以得到全等的三角形 $\triangle P'OQ' \simeq \triangle POQ$. 于是

$$|OQ'| = |OQ| = x, \quad |P'Q'| = |PQ| = y.$$

从 P' 向 x 轴引垂线, 垂足为 R. 再从 Q' 向 $P'R$ 引垂线, 垂足为 S. 易见 $\angle SP'Q' = \angle QOQ' = \theta$. 最后, 从 Q' 向 Ox 轴引垂线, 垂足为 T. 于是有向线段的长

$$x' = OR = OT - RT = OT - SQ'$$

$$= x\cos\theta - y\sin\theta,$$

16

$$y' = RP' = RS + SP' = TQ' + SP'$$

$$= x\sin\theta + y\cos\theta,$$

从而得到式 (2.1). 定理证毕.

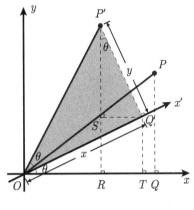

图 2.3

例 2.2 在图 0.2 中, 以纸风车中心 O 为原点建立直角坐标系, 取 $\theta = \dfrac{\pi}{2}$, 进行平面的旋转

$$\begin{cases} x' = x\cos\dfrac{\pi}{2} - y\sin\dfrac{\pi}{2} = -y, \\ y' = x\sin\dfrac{\pi}{2} + y\cos\dfrac{\pi}{2} = x, \end{cases}$$

则旋转后的风车仍然与原图重合.

类似地, 在凤凰卫视的台标中, 以两个凤凰的共同凤冠所在平行四边形的对角线交点为原点建立直角坐标

系, 取角度 $\theta = \pi$, 进行平面的旋转

$$
\begin{cases}
x' = -x, \\
y' = -y,
\end{cases}
$$

则旋转后的两只凤凰位置互换, 与原来的图形重合.

定理 2.3 设 r 是平面沿过原点的某条直线 l 的**反射** (reflection), 如果从 Ox 轴到 l 逆时针转过角 ϕ, 并且记 $\theta = 2\phi$, 则任取平面上的点 $P(x,y)$, $P' = r(P)$ 的坐标 (x', y') 为

$$
\begin{cases}
x' = x\cos\theta + y\sin\theta, \\
y' = x\sin\theta - y\cos\theta.
\end{cases}
\tag{2.2}
$$

特别地, 当 $\theta = 0$ 时, $x' = x, y' = -y$ 是平面沿 Ox 轴的反射, 记作 r_0.

证明 沿 Ox 轴反射的坐标公式 $x' = x, y' = -y$ 显然成立.

当 $\theta \neq 0$ 时, 如图 2.4 所示, 设 PP' 交反射轴 l 于 R, 交角 2ϕ 的终边于 S, 交 Ox 轴于 S'. 因为 l 是 PP' 的垂直平分线, $\angle POR = \angle P'OR$, 于是

$$
\angle POS = \angle P'OS'.
$$

作 $\angle P'OQ = 2\phi$, 使得 $PQ \perp Ox$ 轴于点 T, 于是 Ox 轴是 $\angle POQ$ 的平分线,

$$PT = QT,$$

从而得到 $Q = r_0(P), Q$ 点的坐标是 $(x, -y)$. 另一方面,
$P' = \rho_\theta(Q)$, 即

$$P' = (\rho_\theta r_0)(P).$$

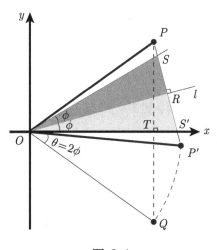

图 2.4

根据定理 2.2,

$$x' = x\cos\theta + (-y)\sin\theta = x\cos\theta - y\sin\theta,$$

$$y' = x\sin\theta - (-y)\cos\theta = x\sin\theta + y\cos\theta,$$

于是得到式 (2.2), 定理证毕.

图 2.4 表明如下结论:

推论 2.1 设 r_ϕ 是一个反射, 反射轴是 Ox 轴绕原点逆时针转过角 ϕ 得到的直线, 则

$$r_\phi = \rho_\theta r_0, \quad \theta = 2\phi.$$

例 2.3 在图 0.1 中, 分别以蝴蝶身体的中轴线和过小桥桥面的中点且与水面垂直的直线为 y 轴建立直角坐标系, 取 $\varphi = \dfrac{\pi}{2}$, $\theta = \pi$, 作平面关于 y 轴的反射:

$$\begin{cases} x' = x\cos\pi + y\sin\pi = -x, \\ y' = x\sin\pi - y\cos\pi = y, \end{cases}$$

则反射后的图形左右翻转, 与原来的图形重合.

绕原点的旋转和关于过原点的一条直线的反射是保持坐标原点不动的刚体运动, 反过来要问, 保持坐标原点不动的平面刚体运动只有这两种吗?

定理 2.4 设 m 是一个保持坐标原点 O 不动的平面刚体运动, $P(x,y)$ 是平面上的任意一点, $P' = m(P)$, 则 P' 的坐标 (x', y') 有下述表达式:

$$\begin{cases} x' = ax + by, \\ y' = cx + dy, \end{cases} \tag{2.3}$$

其中 $a^2 + c^2 = 1, b^2 + d^2 = 1, ab + cd = 0$.

证明 在坐标轴 Ox 上取点 $A(1,0)$, 在 Oy 上取点 $B(0,1)$, 记 $A' = m(A)$, 坐标为 (a,c), $B' = m(B)$, 坐标为 (b,d). 于是 $|OA'| = |OA|, |OB'| = |OB|$, 并且根据引理

1.1(3), $\angle A'OB' = \dfrac{\pi}{2}$, 从而

$$
\begin{cases}
a^2 + c^2 = 1, \\
b^2 + d^2 = 1, \\
ab + cd = 0.
\end{cases}
\tag{2.4}
$$

最后, 从 P 点向 x, y 轴分别引垂线, 易见 $\overrightarrow{OP} = x\overrightarrow{OA} + y\overrightarrow{OB}$; 从 P' 点向旋转后的 Ox', Oy' 轴分别引垂线, 因为这两组垂线与各自的坐标轴围成的矩形全等, 所以 $\overrightarrow{OP'} = x\overrightarrow{OA'} + y\overrightarrow{OB'}$. 于是 $(x', y') = x(a, c) + y(b, d)$, 从而得到了式 (2.3), 定理证毕.

推论 2.2 设 m 是一个保持坐标原点 O 不动的平面刚体运动, $P(x, y)$ 是平面上的任意一点, $P' = m(P), P'$ 的坐标是 (x', y'), 则 (x', y') 满足式 (2.1) 或者式 (2.2).

证明 根据定理 2.4 有 (x', y') 的表达式 (2.3) 和式 (2.4). 因为 $a^2 + c^2 = 1$, 存在角 ϕ, 使得

$$
a = \cos\phi, \quad c = \pm\sin\phi.
$$

根据三角函数的奇偶性,

$$
\cos(\pm\phi) = \cos\phi, \quad \sin(\pm\phi) = \pm\sin\phi.
$$

可以设 $\theta = \phi$ 或 $-\phi$, 得到

$$
a = \cos\theta, \quad c = \sin\theta.
$$

同理, 存在角 η, 使得 $b = \cos\eta$, $d = \sin\eta$. 代入 $ab + cd = 0$, 得到

$$\cos\theta\cos\eta + \sin\theta\sin\eta = 0,$$

即 $\cos(\eta - \theta) = 0$, 于是

$$\eta - \theta = k\pi + \frac{\pi}{2},$$

其中 k 为整数, 从而 $\eta = \theta + k\pi + \frac{\pi}{2}$.

当 k 取偶数时,

$$\cos\eta = -\sin\theta, \quad \sin\eta = \cos\theta;$$

当 k 取奇数时,

$$\cos\eta = \sin\theta, \quad \sin\eta = -\cos\theta,$$

得到式 (2.1) 或 (2.2). 推论证毕.

推论 2.2 说明, 保持坐标原点不动的平面刚体运动只有旋转和反射.

最后来看任意平面刚体运动的坐标表达式.

定理 2.5 设 m 是一个平面刚体运动. 如果点 $m(O)$ 的坐标为 (u, v), 则任取点 $P(x, y)$, $m(P)$ 的坐标 (x', y') 形如

$$\begin{cases} x' = ax + by + u, \\ y' = cx + dy + v, \end{cases} \quad (2.5)$$

其中 $a^2 + c^2 = 1, b^2 + d^2 = 1, ab + cd = 0$.

证明 记向量 $\boldsymbol{\alpha} = (u, v)$, 设 $t_{-\boldsymbol{\alpha}} : (x, y) \mapsto (x - u, y - v)$ 是一个平移, 于是 $\varphi = t_{-\boldsymbol{\alpha}} m$ 也是一个平面刚体运动. 这时,

$$\varphi(0, 0) = t_{-\boldsymbol{\alpha}} m(0, 0) = t_{-\boldsymbol{\alpha}}(u, v) = (0, 0),$$

因而 φ 是一个保持原点不变的平面刚体运动. 根据定理 2.4, $\varphi(x, y) = (ax + by, cx + dy)$. 再根据定理 2.1, $t_{\boldsymbol{\alpha}} t_{-\boldsymbol{\alpha}} = \mathrm{id}$, 因而

$$m = t_{\boldsymbol{\alpha}} \varphi : (x, y) \overset{\varphi}{\mapsto} (ax + by, cx + dy)$$

$$\overset{t_{\boldsymbol{\alpha}}}{\mapsto} (ax + by + u, cx + dy + v).$$

于是得到式 (2.5).

例 2.4 在图 0.5 的花边中, 以平行于上下底边, 并且到上下底边距离相等的直线为 x 轴建立直角坐标系. 设花瓣朝上的两朵花的花蕊之间的距离为 $2u$, 向量 $\boldsymbol{\alpha}$ 的终点为 $(u, 0)$. 先作平面关于 x 轴的反射, 然后沿向量 $\boldsymbol{\alpha}$ 进行平移:

$$\begin{cases} x' = x + u, \\ y' = -y. \end{cases}$$

则运动后的花边与原来的花边重合. 特别有趣的是, 只

作反射或者只作沿向量 α 的平移花边都不会与原来的图形重合.

习 题 2

1. 给出保持下述图形不动的平面旋转和反射：(i) 等边三角形; (ii) 正方形.

2. 尝试用代数方法证明定理 2.3. (提示：将坐标轴 $O\text{-}xy$ 逆时针旋转 ϕ 角至坐标轴 $O\text{-}\bar{x}\bar{y}$.)

平面刚体运动群

在本章中, 将研究一些平面刚体运动的集合连同它们的乘积.

设 n 是一个大于等于 3 的整数, $A_1A_2\cdots A_n$ 是一个正 n 边形. 仍然以中心 O 为原点, OA_1 为 x 轴建立直角坐标系. 先来考察平面绕原点 O 保持正 n 边形不变的旋转. 将平面绕原点逆时针转过角 $\dfrac{2i}{n}\pi$ 的旋转记作 ρ_i, 则当 $i = 0, 1, \cdots, n-1$ 时得到了 n 个旋转, 将这 n 个旋转的集合记作

$$C_n = \{\rho_0, \rho_1, \cdots, \rho_i, \cdots, \rho_{n-1}\}, \qquad (3.1)$$

其中 $i = 0$ 表示旋转的角度为零, 平面保持不变, 因而 $\rho_0 = \mathrm{id}$, 见式 (1.1), 把它叫做 C_n 的**单位元** (identity). 注意到任取整数 k, 平面转过角 $2k\pi + \dfrac{2i}{n}\pi$ 与转过角 $\dfrac{2i}{n}\pi$ 的旋转没有区别, 因此, ρ_i 可以表示转过角 $2k\pi + \dfrac{2i}{n}\pi$ 的旋转, 并约定 $\rho_{kn+i} = \rho_i$.

　　将两次绕原点的旋转看成旋转的乘法运算, 记作 $\cdot$, 或省略不写, 则 $\rho_i\rho_j = \rho_{i+j}$. 运算是自然的, 当平面围绕原点逆时针转过角 $\dfrac{2j}{n}\pi$, 再转过 $\dfrac{2i}{n}\pi$, 就相当于一共转过了角 $\dfrac{2(i+j)}{n}\pi$.

　　如果将平面绕原点顺时针旋转角 $\dfrac{2i}{n}\pi$ 记作 ρ_{-i}, 则 $\rho_{-i} = \rho_{n-i}$, 相当于逆时针转过角 ρ_{n-i}, 并且

$$\rho_{n-i}\rho_i = \rho_0 = \rho_i\rho_{n-i}.$$

称 ρ_{n-i} 为 ρ_i 的逆元, 记作 ρ_i^{-1}.

　　旋转变换的结合律是任意变换结合律的特殊情况. 任取整数 i, j, k,

$$(\rho_i\rho_j)\rho_k = \rho_i(\rho_j\rho_k).$$

也就是说, 先转过角 $\dfrac{2k}{n}\pi$ 再转过角 $\dfrac{2(i+j)}{n}\pi$, 与先转过角 $\dfrac{2(j+k)}{n}\pi$, 再转过角 $\dfrac{2i}{n}\pi$, 所得到的结果是相同的. 事实上, 在两种情况下, 平面都绕原点逆时针转过了角 $\dfrac{2(i+j+k)}{n}\pi$. 将这些事实总结一下, 得到如下定义:

　　定义 3.1　设 C_n 是式 (3.1) 给出的 n 个旋转的集合, $\cdot$ 是上述乘法运算, 则 $(C_n, \cdot)$ 满足如下条件:

　　(1) 乘法运算有结合律;

(2) 有单位元 $\mathrm{id} = \rho_0$, 使得 $\rho_0\rho_i = \rho_i = \rho_i\rho_0$;

(3) 元素 ρ_i 有逆元 ρ_{n-i}, 使得 $\rho_{n-i}\rho_i = \rho_0 = \rho_i\rho_{n-i}$.

这时 $(C_n, \cdot)$, 或简记作 C_n, 叫做一个 n 阶**旋转群** (rotation group).

n 阶意味着旋转群 C_n 有 n 个元素.

旋转群还有一个有趣的特点: 任取正整数 i, 如果将 ρ_1 连续相乘 i 次, 记作 ρ_1^i, 就得到了 ρ_i. 规定 ρ_1^0 为 ρ_0 以及 $\rho_1^{-i} = (\rho_1^i)^{-1}$, 也就是说, C_n 中的任意元素都可以表示成 ρ_1 的若干次方幂. 称这件事情为旋转群 C_n 是由元素 ρ_1 **生成的** (generated by ρ_1), ρ_1 叫做 C_n 的**生成元** (generator), 记作 $C_n = \langle \rho_1 \rangle$.

例 3.1 在图 0.2 的纸风车中, 取 $n = 4$, ρ_1 为绕 O 点逆时针转过角 $\dfrac{\pi}{2}$ 的旋转, 则 $C_4 = \{\rho_0, \rho_1, \rho_2, \rho_3\}$ 在变换的乘法下构成一个群.

在图 0.2 的凤凰台标中, 取 $n = 2$, ρ_1 为绕 O 点逆时针转过角 π 的旋转, 则 $C_2 = \{\rho_0, \rho_1\}$ 在变换的乘法下也构成一个群.

下面来研究使得正 n 边形不变的平面反射. 记正 n 边形的边 A_iA_{i+1} 的中点为 $B_i(i = 1, \cdots, n-1)$, 将平面关于 OA_1 的反射记作 r_0, 关于 OB_1 的反射记作 r_1. 一般地,

关于 OA_i 的反射记作 r_{2i-2}, 关于 OB_i 的反射记作 r_{2i-1}. 当 n 是偶数时, 取 $i = 0, 1, \cdots, \dfrac{n}{2}$, 得到了 n 个反射; 当 n 是奇数时, 取 $i = 0, 1, \cdots, \dfrac{n-1}{2}$, 得到 $n-1$ 个反射, 再加上关于 $OA_{\frac{n+1}{2}}$ 的反射 r_{n-1}, 共有 n 个反射.

记集合

$$D_n = \{\rho_0, \rho_1, \cdots, \rho_{n-1}; r_0, r_1, \cdots, r_{n-1}\}. \qquad (3.2)$$

D_n 关于变换的乘法是封闭的吗？也就是说, D_n 中任意两个元素的乘积还在 D_n 中吗？答案是肯定的.

按照假设, 原始的正多边形的顶点是按照逆时针方向排列的. 当平面进行旋转后, 正多边形的顶点仍然按照逆时针方向排列. 但是当平面进行反射后, 正多边形的顶点改成按照顺时针方向排列了. 因而正多边形的旋转和反射取决于顶点的逆或顺时针排列以及 A_1 变换到什么位置. 先证明下述公式:

$$\rho_i r_0 = r_i = r_0 \rho_{n-i}, \quad i = 0, 1, \cdots, n-1. \qquad (3.3)$$

式 (3.3) 的第一个等式见推论 2.1. 因为 $r_0 : A_i \mapsto A_{n-i+2}$, 所以

$$A_1 \overset{r_0}{\mapsto} A_1 \overset{\rho_i}{\mapsto} A_{i+1},$$

$$A_1 \overset{\rho_{n-i}}{\longmapsto} A_{n-i+1} \overset{r_0}{\mapsto} A_{n-(n-i+1)+2} = A_{i+1}.$$

又因为 $\rho_i r_0$ 和 $r_0 \rho_i$ 均使顶点 $A_1, A_2, \cdots, A_n$ 依顺时针排列, 所以式 (3.3) 成立. 易见这里的乘法是不交换的.

例 3.2　设整数 $n > 6$, $\theta = \dfrac{2}{n}\pi$, $\rho = \rho_\theta$ 是绕原点的旋转, $r = r_0$ 是关于 x 轴的反射. 计算 $\rho^2 r \rho^{-1} r^{-1} \rho^3 r^3$.

解　运用 $\rho_\theta^k = \rho_{k\theta}$, $r^2 = \mathrm{id}$ 以及式 (3.3):

$$\rho^2 r \rho^{-1} r^{-1} \rho^3 r^3 = \rho_{2\theta} r \rho_{-\theta} r \rho_{3\theta} r$$

$$= \rho_{2\theta} \rho_\theta r^2 \rho_{3\theta} r$$

$$= \rho_{6\theta} r = r_6.$$

反复运用式 (3.3), 不难证明如下引理:

引理 3.1　D_n 的元素关于变换的乘法封闭, 并有下述乘法公式:

(1) $\rho_i \rho_j = \rho_{i+j}$;

(2) $\rho_i r_j = r_{i+j}$, $r_i \rho_j = r_{i-j}$;

(3) $r_i r_j = \rho_{i-j}$, 特别地, $r_i^2 = \mathrm{id}$.

证明　根据式 (3.3).

(2) $\rho_i r_j = \rho_i \rho_j r_0 = \rho_{i+j} r_0 = r_{i+j}$, $r_i \rho_j = r_0 \rho_{-i} \rho_j = r_0 \rho_{j-i} = r_{i-j}$.

(3) $r_i r_j = \rho_i r_0 r_0 \rho_{-j} = \rho_{i-j}$. 引理证毕.

类似于定义 3.1, 有如下定义:

定义 3.2　设 D_n 是式 (3.2) 给出的旋转和反射的集

合, 用 · 记变换的乘法, 则 $(D_n, \cdot)$ 满足下述条件:

(1) 乘法运算有结合律;

(2) 有单位元 $\mathrm{id} = \rho_0$, 使得式 (1.1) 成立;

(3) 元素 ρ_i 有逆元 ρ_{n-i}, r_i 有逆元 r_i.

这时 $(D_n, \cdot)$, 或简记作 D_n, 叫做一个**二面体群** (dihedral group).

二面体群 D_n 有 $2n$ 个元素, 称为 $2n$ 阶群. 根据式 (3.3), 二面体群的任意反射 $r_i = \rho_i r_0 = \rho_1^i r_0$, 因此, 可以认为 D_n 是由两个元素 ρ_1, r_0 生成的, 记作 $D_n = \langle \rho_1, r_0 \rangle$.

例 3.3 在图 0.3 的正六边形中, ρ_1 是转过角 $\dfrac{\pi}{6}$ 的旋转, 6 条反射轴是原点分别与 $A_1, B_1, A_2, B_2, A_3, B_3$ 的连线, 群 $D_6 = \{\rho_0, \rho_1, \rho_2, \rho_3, \rho_4, \rho_5; r_0, r_1, r_2, r_3, r_4, r_5\}$. 在图 0.3 的花朵中, 以花蕊的中心为原点, 中心与一个花瓣的顶点连线为 x 轴建立直角坐标系, 得到群 $D_5 = \{\rho_0, \rho_1, \rho_2, \rho_3, \rho_4; r_0, r_1, r_2, r_3, r_4\}$.

可以将正 $n(n \geqslant 3)$ 边形的定义进行扩充, 定义正 1 边形和正 2 边形, 如图 3.1 所示:

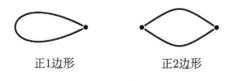

正1边形   正2边形

图 3.1

规定 1 阶旋转群 $C_1 = \{\mathrm{id}\}$, 2 阶二面体群 $D_1 = \{\mathrm{id}, r_0\}$; 2 阶旋转群 $C_2 = \{\mathrm{id}, \rho_\pi\}$, 4 阶二面体群 $D_2 = \{\mathrm{id}, \rho_\pi, r_0, r_1\}$.

参照上述讨论, 给出代数学中一般的定义.

定义 3.3 设 G 是一个集合, $\cdot$ 是 G 的一个运算, 称为乘法. 如果 $(G, \cdot)$ 满足下述条件:

(1) 乘法运算有结合律;

(2) 存在元素 $e \in G$, 使得任取 $g \in G$, $g \cdot e = g = e \cdot g$;

(3) 任取元素 $g \in G$, 存在元素 g', 使得 $g \cdot g' = e = g' \cdot g$, 则称 $(G, \cdot)$ 为一个**群** (group), 简记作 G.

在不致引起混淆的情况下, 通常将运算符号 $\cdot$ 略去.

可以证明, 单位元 e 是唯一的, g 的逆元 g' 也是唯一的, 记作 g^{-1}, 在这里就不证了. 当 G 的元素有限时, 称 G 为有限群, 元素的个数 $|G|$ 叫做群 G 的**阶** (order). 当 G 有无限多个元素时, 称 G 为无限群, 记作 $|G| = \infty$.

定义 3.1 给出的 n 阶旋转群 C_n, 其实是定义 3.2 给出的 $2n$ 阶二面体群 D_n 的一个子集, 关于 D_n 的乘法运算也构成一个群. 更一般的定义如下:

定义 3.4 设 G 是一个群, 如果 G 的非空子集 H 关于 G 的运算也构成一个群, 则称 H 为 G 的子群.

根据定义 3.4, C_n 是 D_n 的一个子群.

定理 3.1 设 M_2 是所有平面刚体运动的集合, 将运动的乘法记作 $\cdot$, 则 $(M_2, \cdot)$ 是一个群.

证明 根据引理 1.3, 两个平面刚体运动的乘积仍然是平面刚体运动, 因而变换的乘积是 M_2 的一个运算.

(1) 刚体运动的乘法满足结合律.

(2) 平面恒等变换显然是一个刚体运动.

(3) 设 m 是一个平面刚体运动, 根据定理 1.1 定义如下的变换 m': 任取平面上的点 P', 存在唯一的点 P, 使得 $m(P) = P'$, 令 $m'(P') = P$. 显然,

$$(m'm)(P) = m'(m(P)) = m'(P') = P,$$

$$(mm')(P') = m(m'(P')) = m(P) = P',$$

因而 m' 是 m 的逆变换 m^{-1}. 再取一个点 Q', 记 $m^{-1}(Q') = Q$, 则 $m(Q) = Q'$, 于是有

$$|m^{-1}(P')\, m^{-1}(Q')| = |PQ| = |P'Q'|,$$

因而 $m^{-1} \in M_2$ 是一个平面刚体运动. 定理证毕.

M_2 的任意子群都可以称为平面刚体**运动群**(the group of motion).

例 3.4 定义 3.1 中的 C_n 和定义 3.2 中的 D_n 都是 M_2 的子群, 因而都是平面刚体运动群.

在图 0.1 中, 将例 2.3 定义的反射记作 r, 那么 $D_1 = \{\mathrm{id}, r\}$ 也是一个平面刚体运动群.

在本章的最后, 可以引入几何图形对称的精确定义了.

定义 3.5　设 F 是一个平面图形, m 是一个平面刚体运动. 如果 F 经过 m 的作用后不变, 即满足 $m(F) = F$, 则称 m 为 F 的一个**对称** (symmetry).

推论 3.1　设 F 是一个平面图形, 集合

$$G = \{m \in M_2 \mid m(F) = F\}$$

是 F 的所有对称组成的集合, 则 G 连同运动的乘法构成一个平面刚体运群.

证明　任取 $m_1, m_2 \in G$,

$$(m_2 m_1)(F) = m_2(m_1(F)) = m_2(F) = F,$$

所以 G 关于 M_2 的运算封闭. 恒等变换显然在 G 中. 最后, 如果 $m \in G$, 则 m 在平面刚体运动群 M 中的逆变换 m^{-1} 仍然保持图形 F 不变. 事实上, $m(F) = F$ 意味着 $F = m^{-1}(F)$. 于是 G 在 M_2 的运算下也构成一个群, G 是一个运动群. 推论证毕.

在推论 3.1 中定义的群 G 叫做平面图形 F 的**对称群** (symmetry group). 因而图形的对称性可以描述为图

形在平面刚体运动下的不变性. 也就是说, 给定任意一个平面图形, 确定平面的刚体运动, 使得运动后得到的图形与原来的图形重合. 更加数学化的说法是, **给定一个平面图形, 确定图形的对称群**.

在例 3.1 中给出的 C_4 和 C_2 是不是纸风车和凤凰台标的对称群呢? 例 3.4 中的 D_1 是否为蝴蝶和小桥流水的对称群, 例 3.3 中的 D_5, D_6 是否为花朵和正六边形的对称群, 还需要进一步的讨论. 这是因为尽管上述群中的元素都是图形的对称, 但是不能保证图形没有其他形式的对称.

习 题 3

1. 参考习题 2 第 1 题找出二面体群 D_3 的所有子群.

平面正交群

本章研究保持原点不动的平面刚体运动的集合连同集合中运动的乘法. 为了后面讨论的方便, 首先给出式 (2.3) 的一种简便形式. 设 m 是一个保持坐标原点 O 不动的平面刚体运动, $P(x, y)$ 是平面上的任意一点, $P' = m(P)$, 则 P' 的坐标 (x', y') 有下述表达式:

$$\begin{cases} x' = ax + by, \\ y' = cx + dy, \end{cases}$$

其中 $a^2 + c^2 = 1, b^2 + d^2 = 1, ab + cd = 0$.

将点 $P(x, y)$ 的坐标排成竖行, 记作 $\begin{pmatrix} x \\ y \end{pmatrix}$, 再将 a, b, c, d 写成方阵的形式 $\begin{pmatrix} a & b \\ c & d \end{pmatrix}$. 可以记

$$\begin{pmatrix} x' \\ y' \end{pmatrix} = \begin{pmatrix} a & b \\ c & d \end{pmatrix} \begin{pmatrix} x \\ y \end{pmatrix}. \tag{4.1}$$

先来给出这种记法的定义和简单性质.

一个实数集上的 $1 \times 1, 1 \times 2, 2 \times 1$ 或 2×2 阶**矩阵**

(matrix) 分别形如

$$(a_{11}), \quad (a_{11} \quad a_{12}), \quad \begin{pmatrix} a_{11} \\ a_{21} \end{pmatrix}, \quad \begin{pmatrix} a_{11} & a_{12} \\ a_{21} & a_{22} \end{pmatrix},$$

其中 $a_{ij} \in \mathbb{R}$ 都是实数. 特别地, 将 2×2 阶矩阵称为 2 阶方阵.

定义中使用的脚标遵从这样的法则, 就是用字母的第一个脚标表示矩阵元素所在的行, 第二个脚标表示元素所在的列. 例如, a_{12} 表示这个元素位于矩阵的第 1 行第 2 列的交叉处, 称为矩阵的第 $(1, 2)$ 元.

两个矩阵相等当且仅当矩阵有相同的阶数, 并且对应元素, 即位于同行同列上的矩阵元素分别相等. 在实矩阵上可以定义加法运算:

定义 4.1 两个阶数相同的矩阵可以相加, 即如果 $\boldsymbol{A} = (a_{ij}), \boldsymbol{B} = (b_{ij})$ 都是 $m \times n$ 阶矩阵, 则 $\boldsymbol{A} + \boldsymbol{B} = (a_{ij} + b_{ij})$.

那么矩阵可以相乘吗? 一个 2×2 阶矩阵 $\boldsymbol{A} = (a_{il})$ 可以和一个 2×2 阶矩阵 $\boldsymbol{B} = (b_{lj})$ 相乘, 乘积是一个 2×2 阶矩阵 $\boldsymbol{C} = (c_{ij})$, 即

$$\begin{pmatrix} a_{11} & a_{12} \\ a_{21} & a_{22} \end{pmatrix} \begin{pmatrix} b_{11} & b_{12} \\ b_{21} & b_{22} \end{pmatrix} = \begin{pmatrix} a_{11}b_{11} + a_{12}b_{21} & a_{11}b_{12} + a_{12}b_{22} \\ a_{21}b_{11} + a_{22}b_{21} & a_{21}b_{12} + a_{22}b_{22} \end{pmatrix}.$$
$$(4.2)$$

定义 4.2　$m \times n$ 矩阵 A 与 $n \times p$ 矩阵 B 可以相乘,乘积 AB 中的第 (i,j) 元等于 A 中第 i 行的元素与 B 中第 j 列的对应元素分别相乘的代数和.

这个定义要求第一个矩阵的列数必须等于第二个矩阵的行数, 乘积矩阵的行列数分别等于第一个矩阵的行数和第二个矩阵的列数. 按照这个原则, 可以定义如 1×2 矩阵与 2×2 矩阵的乘积:

$$\begin{pmatrix} a_{11} & a_{12} \end{pmatrix} \begin{pmatrix} b_{11} & b_{12} \\ b_{21} & b_{22} \end{pmatrix} = \begin{pmatrix} a_{11}b_{11} + a_{12}b_{21} & a_{11}b_{12} + a_{12}b_{22} \end{pmatrix},$$

得到一个 1×2 矩阵. 一个 1×2 矩阵与 2×1 矩阵的乘积变成了一个 1×1 矩阵, 也就是一个数, 即

$$\begin{pmatrix} a_{11} & a_{12} \end{pmatrix} \begin{pmatrix} b_{11} \\ b_{21} \end{pmatrix} = \begin{pmatrix} a_{11}b_{11} + a_{12}b_{21} \end{pmatrix}.$$

按照乘法法则, 式 (4.1) 右端的2 阶矩阵 $\begin{pmatrix} a & b \\ c & d \end{pmatrix}$ 与 2×1 阶矩阵 $\begin{pmatrix} x \\ y \end{pmatrix}$ 的乘积恰为 2×1 阶矩阵 $\begin{pmatrix} ax + by \\ cx + dy \end{pmatrix}$, 于是得到式 (2.3).

容易验证, 矩阵的乘法对于加法满足分配律. 因为矩阵的乘法不交换, 分配律分成左右两种:

$$(A + B)C = AC + BC.$$

$$C(A+B) = CA + CB.$$

例 4.1 在图 0.1 的蝴蝶和小桥流水中, 反射变换 r 对应于矩阵 $\begin{pmatrix} -1 & 0 \\ 0 & 1 \end{pmatrix}$. 在图 0.2 的凤凰台标中, 角度为 π 的旋转对应于矩阵 $\begin{pmatrix} -1 & 0 \\ 0 & -1 \end{pmatrix}$, 而在纸风车中, 角度为 $\frac{\pi}{2}$ 的旋转对应于矩阵

$$\begin{pmatrix} 0 & -1 \\ 1 & 0 \end{pmatrix},$$

在图 0.3 的正六边形中, 旋转 ρ_1 对应于矩阵:

$$\begin{pmatrix} \cos\dfrac{\pi}{3} & -\sin\dfrac{\pi}{3} \\ \sin\dfrac{\pi}{3} & \cos\dfrac{\pi}{3} \end{pmatrix} = \begin{pmatrix} \dfrac{1}{2} & -\dfrac{\sqrt{3}}{2} \\ \dfrac{\sqrt{3}}{2} & \dfrac{1}{2} \end{pmatrix};$$

反射 r_0 对应于矩阵 $\begin{pmatrix} 1 & 0 \\ 0 & -1 \end{pmatrix}$.

定义 4.1 中矩阵的加法非常自然, 但是两个矩阵相乘为什么定义成 4.2 这样呢, 为什么不像加法, 定义成对应元素分别相乘呢? 下面就会看到, 矩阵乘法的定义, 事实上是从变换的乘法运算抽象出来的.

考察两个使原点不变的平面刚体运动 m_1 与 m_2 的乘积. 先按照式 (2.3) 的记法, 分别设 m_1, m_2 的变换公式为

$$
\begin{cases}
x'' = a_{11}x' + a_{12}y', \\
y'' = a_{21}x' + a_{22}y',
\end{cases}
\begin{cases}
x' = b_{11}x + b_{12}y, \\
y' = b_{21}x + b_{22}y,
\end{cases}
\tag{4.3}
$$

其中 $a_{11}^2 + a_{21}^2 = 1, a_{12}^2 + a_{22}^2 = 1, a_{11}a_{12} + a_{21}a_{22} = 0, b_{11}^2 + b_{21}^2 = 1, b_{12}^2 + b_{22}^2 = 1, b_{11}b_{12} + b_{21}b_{22} = 0.$

如果先作用 m_2, 再作用 m_1, 则 $m_1 m_2$ 的公式应该为

$$
\begin{aligned}
x'' &= a_{11}(b_{11}x + b_{12}y) + a_{12}(b_{21}x + b_{22}y) \\
&= (a_{11}b_{11} + a_{12}b_{21})x + (a_{11}b_{12} + a_{12}b_{22})y, \\
y'' &= a_{21}(b_{11}x + b_{12}y) + a_{22}(b_{21}x + b_{22}y) \\
&= (a_{21}b_{11} + a_{22}b_{21})x + (a_{21}b_{12} + a_{22}b_{22})y.
\end{aligned}
\tag{4.4}
$$

表达式相当复杂.

现在利用 (4.1) 的矩阵方法来表达两个刚体运动的乘积. 式 (4.3) 可以写成

$$
\begin{pmatrix} x'' \\ y'' \end{pmatrix} = \begin{pmatrix} a_{11} & a_{12} \\ a_{21} & a_{22} \end{pmatrix} \begin{pmatrix} x' \\ y' \end{pmatrix},
$$

$$
\begin{pmatrix} x' \\ y' \end{pmatrix} = \begin{pmatrix} b_{11} & b_{12} \\ b_{21} & b_{22} \end{pmatrix} \begin{pmatrix} x \\ y \end{pmatrix}.
$$

将第二式代入第一式得到

$$
\begin{pmatrix} x'' \\ y'' \end{pmatrix} = \begin{pmatrix} a_{11} & a_{12} \\ a_{21} & a_{22} \end{pmatrix} \begin{pmatrix} b_{11} & b_{12} \\ b_{21} & b_{22} \end{pmatrix} \begin{pmatrix} x \\ y \end{pmatrix}.
\tag{4.5}
$$

根据矩阵相乘的法则, 等式右端两个 2 阶矩阵的乘积刚好给出了 x'', y'' 关于 x, y 的表达式的系数. 尽管实质没有改变, 但是矩阵的表达漂亮多了, 同时也为进一步的计算带来了方便.

还有一个自然的问题是, x'', y'' 关于 x, y 的表达式还满足式 (2.4) 吗？也就是说, 还有 $a^2 + c^2 = 1, b^2 + d^2 = 1, ab + cd = 0$ 吗？答案是肯定的. 利用式 (4.4) 直接验证虽然复杂, 但没有本质性的困难, 将它留给读者. 现在利用矩阵表达式来进行证明.

为了将式 (2.4) 用矩阵的形式表达出来, 需要引入矩阵的另一种运算 —— 转置.

定义 4.3 将一个 $m \times n$ 阶矩阵 $\boldsymbol{A}$ 的行变成列 (同时列就变成了行) 得到的 $n \times m$ 阶矩阵 $\boldsymbol{A}^{\mathrm{T}}$ 叫做矩阵 $\boldsymbol{A}$ 的**转置** (transpose).

例如, 当 $\boldsymbol{A} = (a \quad b)$ 时, $\boldsymbol{A}^{\mathrm{T}} = \begin{pmatrix} a \\ b \end{pmatrix}$; 当 $\boldsymbol{A} = \begin{pmatrix} a & b \\ c & d \end{pmatrix}$ 时, $\boldsymbol{A}^{\mathrm{T}} = \begin{pmatrix} a & c \\ b & d \end{pmatrix}$.

转置运算有下述性质：

$$(\boldsymbol{A}^{\mathrm{T}})^{\mathrm{T}} = \boldsymbol{A}, \quad (\boldsymbol{A}\boldsymbol{B})^{\mathrm{T}} = \boldsymbol{B}^{\mathrm{T}}\boldsymbol{A}^{\mathrm{T}}. \tag{4.6}$$

第一个公式是显而易见的, 第二个公式可以这样证明：

设 A, B 分别是 $m \times n$ 和 $n \times s$ 阶矩阵, 则 AB 是 $m \times s$ 矩阵. $s \times m$ 阶矩阵 $(AB)^{\mathrm{T}}$ 中第 j 行第 i 列的元素是 AB 中第 i 行第 j 列的元素, 它等于 $a_{i1}b_{1j} + \cdots + a_{in}b_{nj}$; 而 $B^{\mathrm{T}}A^{\mathrm{T}}$ 中第 j 行第 i 列的元素是 $b_{1j}a_{i1} + \cdots + b_{nj}a_{in}$, 因而二者相等.

记 2 阶矩阵 $I_2 = \begin{pmatrix} 1 & 0 \\ 0 & 1 \end{pmatrix}$, 则

$$I_2 X = X = X I_2, \quad \forall X = \begin{pmatrix} x & y \\ z & w \end{pmatrix}, \tag{4.7}$$

称 I_2 为 2 阶单位矩阵.

定义 4.4 设 $A = \begin{pmatrix} a & b \\ c & d \end{pmatrix}$ 是一个 2 阶矩阵. 如果 $A^{\mathrm{T}}A = I_2$, 则称 A 为一个 2 阶**正交矩阵** (orthogonal matrix). 由式 (4.1) 给出的 A 所确定的平面变换, 叫做平面的正交变换.

显然, 旋转和反射都是正交变换, 只要将坐标原点取在旋转中心或反射轴上即可. 但平移不是正交变换, 因为平移使得平面上的每一个点都变动了, 找不到在变换下不动的坐标原点.

在正交矩阵定义公式的两端分别取转置, 因为 $I_2^{\mathrm{T}} = I_2$, 易见

$$A^{\mathrm{T}}A = I_2 \Leftrightarrow AA^{\mathrm{T}} = I_2,$$

所以第二个公式也可以作为正交矩阵的定义公式.

定理 4.1 设 O_2 是 2 阶正交矩阵的集合, 则 O_2 在矩阵的乘法运算下封闭, 并且满足下述条件:

(1) 乘法是结合的;

(2) 以 I_2 为单位元;

(3) 正交矩阵的逆矩阵仍然是正交矩阵.

证明 任取 $A, B \in O_2$, 于是 $A^{\mathrm{T}} A = I, B^{\mathrm{T}} B = I$.

$$(AB)^{\mathrm{T}}(AB) = (B^{\mathrm{T}} A^{\mathrm{T}})(AB) = B^{\mathrm{T}}(A^{\mathrm{T}} A) B$$

$$= B^{\mathrm{T}} I B = B^{\mathrm{T}} B = I.$$

这就证明了 O_2 关于矩阵的乘法封闭.

(1) 变换乘法的结合律保证了矩阵乘法是结合的.

(2) 见式 (4.7).

(3) 任取 $A \in O_2$, $A^{-1} = A^{\mathrm{T}}$, 这是因为 $A^{\mathrm{T}} A = I_2$ 且 $AA^{\mathrm{T}} = I_2$. 定理证毕.

定理 4.1 证明了 O_2 是一个群, 叫做 2 阶**正交群** (orthogonal group). 如果考虑正交矩阵对应的平面正交变换连同变换的乘法, 也可以将 O_2 看成正交变换群, 称为平面正交群. 今后不再区分这两种看法, 视方便而确定我们的选择.

$O_2 \subseteq M_2$ 是平面刚体运动群的一个子群, 而旋转群

和二面体群 $C_n \subseteq D_n \subseteq O_2$ 都是正交群的子群.

注意到推论 2.2, 矩阵 $\begin{pmatrix} a & b \\ c & d \end{pmatrix}$ 只有如下两种可能的取法:

$$\begin{pmatrix} \cos\theta & -\sin\theta \\ \sin\theta & \cos\theta \end{pmatrix} \quad \text{或者} \quad \begin{pmatrix} \cos\theta & \sin\theta \\ \sin\theta & -\cos\theta \end{pmatrix}. \tag{4.8}$$

根据定理 2.2 和定理 2.3, 如果将第一个矩阵对应的旋转记作 ρ_θ, 则第二个矩阵对应的反射就是 $\rho_\theta r_0$, 因而保持坐标原点不变的正交群可以由绕原点的旋转和沿 Ox 轴的反射 r_0 生成.

例 4.2 在图 0.3 的正六边形中, 反射 $r_1 = \rho_1 r_0$, 因而 r_1 对应的矩阵

$$\begin{pmatrix} \dfrac{1}{2} & -\dfrac{\sqrt{3}}{2} \\ \dfrac{\sqrt{3}}{2} & \dfrac{1}{2} \end{pmatrix} \begin{pmatrix} 1 & 0 \\ 0 & -1 \end{pmatrix} = \begin{pmatrix} \dfrac{1}{2} & \dfrac{\sqrt{3}}{2} \\ \dfrac{\sqrt{3}}{2} & -\dfrac{1}{2} \end{pmatrix}$$

是例 4.1 中 ρ_1 与 r_0 对应矩阵的乘积, 因而是一个正交矩阵.

在本章的最后来讨论一下圆的对称性. 首先, 使得圆不动的平面刚体运动一定保持圆心不动, 因而可以以圆心为原点建立直角坐标系. 因为圆的半径是一个定值, 所以围绕原点的任意一个旋转都把圆周对应到自身. 任取过原点的直线 l, 因为任意一条垂直 l 于 R 且与圆周

交于 P, Q 两点的直线都使得 $|RP| = |RQ|$, 所以关于直线 l 的反射把圆周对应到自身 (图 4.1).

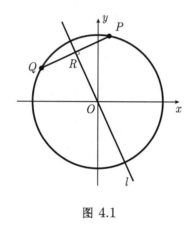

图 4.1

根据式 (4.8) 得到如下推论:

推论 4.1　圆的对称群是 O_2.

在下面的第 6 章就会看到, 哪怕是对称性非常好的正多边形, 它的对称群也是一个有限群, 而圆的对称群是无限群, 包含了使得圆心不动的所有的平面刚体运动. 因此, 圆是对称性最强的平面有界图形, 被古希腊的数学家称为完美图形.

习　题　4

1. 利用式 (4.4) 直接验证 x'', y'' 关于 x, y 的表达式满

足式 (2.4).

*2. 将平面 $\mathbb{R}^2$ 换成复平面 $\mathbb{C}$, 点 $P(x,y)$ 换成 $z = x+y\mathrm{i}$, 其中 $\mathrm{i} = \sqrt{-1}$ 为虚数单位, 见本套丛书《复数的故事》.

(1) 证明每一个保持原点不动的平面刚体运动形如 $m(z) = \omega z$ 或 $m(z) = \omega \bar{z}$ $(|\omega| = 1)$;

(2) 证明式 (2.4) 可以写成 $m(z) = \omega + \nu$ 或 $m(z) = \omega \bar{z} + \nu$, 其中 $|\omega| = 1$, ν 为任意复数.

第 5 章 ···

平面刚体运动的分类

定理 2.5 和式 (4.8) 表明, 平面刚体运动 m 将点 $P(x_1, x_2)$ 映到 $m(P) = P(x', y')$, 其中

$$\begin{pmatrix} x' \\ y' \end{pmatrix} = \begin{pmatrix} \cos\theta & -\sin\theta \\ \sin\theta & \cos\theta \end{pmatrix} \begin{pmatrix} x \\ y \end{pmatrix} + \begin{pmatrix} u \\ v \end{pmatrix}, \qquad (5.1)$$

或者

$$\begin{pmatrix} x' \\ y' \end{pmatrix} = \begin{pmatrix} \cos\theta & \sin\theta \\ \sin\theta & -\cos\theta \end{pmatrix} \begin{pmatrix} x \\ y \end{pmatrix} + \begin{pmatrix} u \\ v \end{pmatrix}. \qquad (5.2)$$

平面刚体运动可以区分为以下两类:

(1) **保向** (orientation preserving) 运动, 指平面不在空中翻转, 如旋转和平移;

(2) **反向** (orientation reversing) 运动, 指平面在空中翻转, 如反射.

引理 5.1 每一个平面刚体运动 m 都可以唯一地写成

$$m = t_{\boldsymbol{\alpha}} \rho_\theta \quad \text{或者} \quad m = t_{\boldsymbol{\alpha}} \rho_\theta r_0.$$

证明 存在性. 设 $\boldsymbol{\alpha} = (u, v)$, 根据式 (5.1) 和 (5.2), 每一个平面刚体运动都可以写成绕原点的旋转 ρ_θ 与平移 $t_{\boldsymbol{\alpha}}$, 或者关于过原点的某条直线的反射 r_ϕ 与平移 $t_{\boldsymbol{\alpha}}$ 的乘积. 根据推论 2.1, r_ϕ 又可以写成关于 Ox 轴的反射 r_0 与一个旋转 $\rho_\theta(\theta = 2\phi)$ 的乘积.

唯一性. 设 $m = t_{\boldsymbol{\alpha}}\rho_\theta r^i = t_{\boldsymbol{\alpha}'}\rho_{\theta'} r^j$, 其中 $i, j \in \{0, 1\}$. 如果 $i = 0$, 则 m 是保向运动, 于是 $j = 0$; 如果 $i = 1$, 则 m 是反向运动, 于是 $j = 1$. 由此得到 $t_{\boldsymbol{\alpha}}\rho_\theta = t_{\boldsymbol{\alpha}'}\rho_{\theta'}$, 即 $t_{\boldsymbol{\alpha}-\boldsymbol{\alpha}'} = \rho_{\theta'-\theta}$. 但是旋转保持原点不动, 平移没有保持不动的点, 除非平移零向量, 于是 $\boldsymbol{\alpha} = \boldsymbol{\alpha}'$. 这时 $\rho_{\theta'-\theta} = \mathrm{id}$, 即 $\rho_\theta = \rho_{\theta'}$. 引理证毕.

引理 5.1 说明, 任意一个运动群的生成元只有三类: ① 绕原点的旋转 ρ_θ; ② 关于 Ox 轴的反射 r_0; ③ 沿向量 $\boldsymbol{\alpha}$ 的平移 $t_{\boldsymbol{\alpha}}$, 其中角度 θ 和向量 $\boldsymbol{\alpha}$ 为任意的, 并且可以取零值.

引理 5.2 建立直角坐标系 $O\text{-}xy$, 平面刚体运动的生成元 ρ_θ, r_0 和 $t_{\boldsymbol{\alpha}}$ 有下述运算法则:

$$t_{\boldsymbol{\alpha}}t_{\boldsymbol{\beta}} = t_{(\boldsymbol{\alpha}+\boldsymbol{\beta})}, \quad \rho_{\theta_1}\rho_{\theta_2} = \rho_{(\theta_1+\theta_2)}, \quad r_0^2 = 1,$$

$$t_{\boldsymbol{\alpha}}\rho_\theta = \rho_\theta t_{\boldsymbol{\alpha}'}, \quad \boldsymbol{\alpha}' = \rho_{-\theta}(\boldsymbol{\alpha}),$$

$$t_{\boldsymbol{\alpha}}r_0 = r_0 t_{\boldsymbol{\alpha}'}, \quad \boldsymbol{\alpha}' = r_0(\boldsymbol{\alpha}),$$

$$\rho_\theta r_0 = r_0 \rho_{-\theta}.$$

证明 第 1 行的三个公式显然. 任取始于原点的向量 $\boldsymbol{\xi}$, 下面来证明后面三行的公式.

第 2 行:
$$\begin{aligned}
(t_{\boldsymbol{\alpha}}\rho_\theta)(\boldsymbol{\xi}) &= t_{\boldsymbol{\alpha}}(\rho_\theta(\boldsymbol{\xi})) = \rho_\theta(\boldsymbol{\xi}) + \boldsymbol{\alpha} \\
&= \rho_\theta(\boldsymbol{\xi}) + \rho_\theta(\rho_{-\theta}(\boldsymbol{\alpha})) = \rho_\theta(\boldsymbol{\xi} + \rho_{-\theta}(\boldsymbol{\alpha})) \\
&= \rho_\theta(\boldsymbol{\xi} + \boldsymbol{\alpha}') = \rho_\theta(t_{\boldsymbol{\alpha}'}(\boldsymbol{\xi})) = (\rho_\theta t_{\boldsymbol{\alpha}'})(\boldsymbol{\xi}).
\end{aligned}$$

第 3 行:
$$\begin{aligned}
(t_{\boldsymbol{\alpha}} r_0)(\boldsymbol{\xi}) &= t_{\boldsymbol{\alpha}}(r_0(\boldsymbol{\xi})) = r_0(\boldsymbol{\xi}) + \boldsymbol{\alpha} \\
&= r_0(\boldsymbol{\xi}) + r_0(r_0(\boldsymbol{\alpha})) \\
&= r_0(\boldsymbol{\xi} + r_0(\boldsymbol{\alpha})) = r_0(\boldsymbol{\xi} + \boldsymbol{\alpha}') \\
&= r_0(t_{\boldsymbol{\alpha}'}(\boldsymbol{\xi})) = (r_0 t_{\boldsymbol{\alpha}'})(\boldsymbol{\xi}).
\end{aligned}$$

第 4 行: ρ_θ, r_0 和 $\rho_{-\theta}$ 分别对应于矩阵

$$\begin{pmatrix} \cos\theta & -\sin\theta \\ \sin\theta & \cos\theta \end{pmatrix}, \quad \begin{pmatrix} 1 & 0 \\ 0 & -1 \end{pmatrix}, \quad \begin{pmatrix} \cos\theta & \sin\theta \\ -\sin\theta & \cos\theta \end{pmatrix}.$$

结论由矩阵的乘法得到. 引理证毕.

从推论 2.1 和引理 5.2 容易得到如下推论:

推论 5.1 (1) 设 ρ_θ 是过原点的旋转, r 是关于过原点的某条直线的反射, 从 Ox 轴到反射轴逆时针扫过的角度为 ϕ, 则 $\rho_\theta r$ 和 $r\rho_\theta$ 都是反射, Ox 轴与反射轴的夹角分别是 $\phi + \frac{1}{2}\theta$ 和 $\phi - \frac{1}{2}\theta$;

(2) 设 r_1, r_2 分别是关于过原点的直线 l_1, l_2 的反射, 从 Ox 轴到反射轴逆时针扫过的角度分别为 ϕ_1, ϕ_2, 其中 $\phi_1 \neq \phi_2$, 则 $r_1 r_2$ 是一个旋转, 角度为 $2(\phi_1 - \phi_2)$.

证明 (1) 根据推论 2.1, $r = \rho_{2\phi} r_0$,

$$\rho_\theta r = \rho_\theta \rho_{2\phi} r_0 = \rho_{\theta+2\phi} r_0 = r_{\phi+\frac{1}{2}\theta},$$

$$r \rho_\theta = \rho_{2\phi} r_0 \rho_\theta = \rho_{2\phi} \rho_{-\theta} r_0 = \rho_{2\phi-\theta} r_0 = r_{\phi-\frac{1}{2}\theta}.$$

(2) $r_1 r_2 = \rho_{2\phi_1} r_0 \rho_{2\phi_2} r_0 = \rho_{2\phi_1} \rho_{-2\phi_2} r_0^2 = \rho_{2(\phi_1-\phi_2)}.$

推论证毕.

通常用图 5.1 表示平面按照向量 $\boldsymbol{\alpha} = \overrightarrow{PQ}$ 的平移 $t_{\boldsymbol{\alpha}}$.

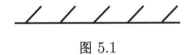

图 5.1

回忆图 0.5 的花边和例 2.4, 除了旋转、反射和平移之外, 还有一种平面刚体运动称为**滑动反射** (glide-reflection), 记作 q, 这是一个反射与一个平移的乘积 (图 5.2).

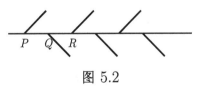

图 5.2

记 r 为以水平线为轴的反射, 则 $q_{\boldsymbol{\alpha}} = t_{\boldsymbol{\alpha}} r$ 是一个滑

动反射. 在图 5.2 中, t_α 和 r 都不是图形的对称, 但 $t_{2\alpha}$ 是对称, q_α 是对称. 此外, 反射满足 $r^2 = \mathrm{id}$, 而滑动反射满足 $q_\alpha^2 = t_{2\alpha}$. 这些细节容易混淆, 请读者明辨.

定义 5.1 设 m 是一个平面刚体运动, 在 m 的作用下保持不变的点, 即使得 $m(P) = P$ 的点 P, 叫做 m 的**不动点** (fixed point).

对于绕点 O 的旋转 ρ_θ, O 是不动点; 对于关于直线 l 的反射 r, 反射轴 l 上的点都是不动点; 而平移没有不动点, 滑动反射也没有不动点.

引理 5.1 表明, 每一个平面刚体运动 m 都可以唯一地写成 $m = t_\alpha\rho_\theta$ 或者 $m = t_\alpha\rho_\theta r_0$, 现在要问, 乘积的刚体运动是什么样子呢? 本章的主要目的是证明如下定理:

定理 5.1 任意平面刚体运动都是下述 5 种运动之一:

(1) 按照某个向量 $\boldsymbol{\alpha}$ 的平移, 其中 $\boldsymbol{\alpha} \neq \mathbf{0}$;

(2) 绕某个定点旋转角 θ, 其中 $\theta \neq 0$;

(3) 关于某条直线 l 的反射;

(4) 滑动反射: 先作关于某条直线 l 的反射, 再按照平行于 l 的某个非零向量 $\boldsymbol{\alpha}$ 平移;

(5) 恒等变换.

定理 5.1 的证明划分为下述两个引理:

引理 5.3 设 $m = t_{\boldsymbol{\alpha}} \rho_\theta$ 是一个保向平面刚体运动. 如果 $\theta = 2k\pi$, 则 m 是一个平移; 如果 $\theta \neq 2k\pi$, 则 m 是绕某定点 R 旋转角 θ 的旋转.

证明 如果 $\theta = 2k\pi$, 则 $\rho_\theta = \mathrm{id}, m = t_{\boldsymbol{\alpha}}$ 是一个平移. 现在设 $\theta \neq 2k\pi$.

(1) 因为一个有不动点 R 的保向平面刚体运动只能是绕 R 点的旋转, 先来证明 m 有不动点. 如果 $\boldsymbol{\alpha} = \mathbf{0}$, 则结论成立. 现在设 $\boldsymbol{\alpha} \neq \mathbf{0}$(图 5.3).

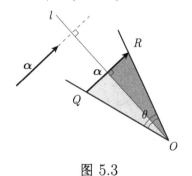

图 5.3

设 l 是过原点 O 且与 $\boldsymbol{\alpha}$ 垂直的直线, $\angle ROQ = \theta$, 且以 l 为角平分线. 在角的两边分别取点 R, Q, 使得

$$RQ \perp l \text{ 且 } |RQ| = |\boldsymbol{\alpha}|.$$

于是 R 是 m 的一个不动点. 事实上, ρ_θ 将 R 点旋转至 Q 点, $t_{\boldsymbol{\alpha}}$ 又将 Q 点送回到 R 点.

(2) 其次证明 m 是绕不动点转角 θ 的旋转. 记始于原点终于不动点的向量 $\overrightarrow{OR}$ 为 $\boldsymbol{\beta}$, 于是 $m(\boldsymbol{\beta}) = \boldsymbol{\beta}$. 这时, 任取从原点出发的平面向量 $\boldsymbol{\xi}$,

$$m(\boldsymbol{\xi} + \boldsymbol{\beta}) = t_{\boldsymbol{\alpha}} \rho_\theta (\boldsymbol{\xi} + \boldsymbol{\beta}) = \rho_\theta (\boldsymbol{\xi} + \boldsymbol{\beta}) + \boldsymbol{\alpha}$$

$$= \rho_\theta(\boldsymbol{\xi}) + \rho_\theta(\boldsymbol{\beta}) + \boldsymbol{\alpha} = \rho_\theta(\boldsymbol{\xi}) + m(\boldsymbol{\beta})$$

$$= \rho_\theta(\boldsymbol{\xi}) + \boldsymbol{\beta}.$$

这就表明 m 将 $\boldsymbol{\xi} + \boldsymbol{\beta}$ 送到 $\rho_\theta(\boldsymbol{\xi}) + \boldsymbol{\beta}$, m 是绕 R 点逆时针旋转角 θ 的旋转. 引理证毕.

引理 5.4 设 $m = t_{\boldsymbol{\alpha}} \rho_\theta r_0$ 是一个反向平面刚体运动, 其中 r_0 为关于坐标轴 Ox 的反射. 如果 $\boldsymbol{\alpha} = \boldsymbol{0}$, 则 m 是一个反射; 如果 $\boldsymbol{\alpha} \neq \boldsymbol{0}$, 则 m 是一个滑动反射.

证明 如果 $\boldsymbol{\alpha} = \boldsymbol{0}$, 则 $m = \rho_\theta r_0 = r$ 是关于直线 l 的反射, 其中 l 由 Ox 逆时针旋转角 $\dfrac{\theta}{2}$ 得到, 见推论 2.1.

如果 $\boldsymbol{\alpha} \neq \boldsymbol{0}$, 则建立新的坐标系 $O\text{-}\bar{x}\bar{y}$, 使得 $O\bar{x}$ 轴由 Ox 轴逆时针旋转 $\dfrac{\theta}{2}$ 角得到, 与 $r = \rho_\theta r_0$ 的反射轴重合.

设 $\boldsymbol{\alpha}$ 的终点在坐标系 $O\text{-}xy$ 的坐标是 (u, v), 在 $O\text{-}\bar{x}\bar{y}$ 的坐标是 $(\bar{u}, \bar{v})$, 则

$$\begin{cases} \bar{u} = u\cos\phi + v\sin\phi, \\ \bar{v} = -u\sin\phi + v\cos\phi, \end{cases}$$

其中 $\phi = \dfrac{1}{2}\theta$ (图 5.4).

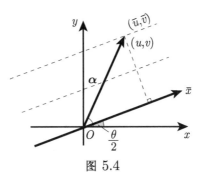

图 5.4

设任意点 $P(x,y)$ 在新坐标系中的坐标为 $(\bar{x}, \bar{y})$, 于是刚体运动可以表示成 $m = \bar{t}_{\bar{\alpha}}\bar{r}_0$, 其中 $\bar{t}_{\bar{\alpha}} = t_{\alpha}$, $\bar{r}_0 = r$,

$$m \begin{pmatrix} \bar{x} \\ \bar{y} \end{pmatrix} = \begin{pmatrix} \bar{x} + \bar{u} \\ -\bar{y} + \bar{v} \end{pmatrix}.$$

这个平面刚体运动将直线 $\bar{y} = \dfrac{1}{2}\bar{v}$ 送到自身. 事实上, $\left(\bar{x}, \dfrac{1}{2}\bar{v}\right) \overset{m}{\mapsto} \left(\bar{x} + \bar{u}, \dfrac{1}{2}\bar{v}\right)$, 因而 m 是沿着这条直线的一个滑动反射 (图 5.5). 引理证毕.

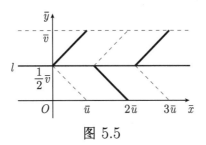

图 5.5

例 **5.1**   计算滑动反射 $m = t_{\boldsymbol{\alpha}}\rho_{\theta}r_0$ 中的滑动向量, 将它用 $\boldsymbol{\alpha}, \theta$ 表示出来.

解   见图 5.4, $\bar{x}$ 轴的单位向量为 $\boldsymbol{\beta}$, 则滑动向量是 $(\boldsymbol{\alpha}, \boldsymbol{\beta})\boldsymbol{\beta}$, 其中 $(\boldsymbol{\alpha}, \boldsymbol{\beta})$ 是向量 $\boldsymbol{\alpha}$ 与 $\boldsymbol{\beta}$ 的内积. 也就是说, 滑动向量是平移向量在滑动反射轴上的投影.

例 **5.2**   设 m 是一个沿直线 l 的滑动反射, 证明点 P 在 l 上当且仅当 $P, m(P), m^2(P)$ 共线.

证明   如果点 P 在直线 l 上, 则 $m(P)$ 仍在直线 l 上, 因而 $m^2(P)$ 也在 l 上, $P, m(P), m^2(P)$ 共线. 如果点 P 不在直线 l 上, 则 $m(P)$ 与 P 在 l 的异侧, $m^2(P)$ 与 P 在 l 的同侧, 所以 $P, m(P), m^2(P)$ 不共线.

习　题　5

1. 运用平行截割定理给出引理 5.3 证明 (1) 中 RQ 的具体作法.

2. 尝试用解代数方程的办法求出引理 5.3 中 m 的不动点.

有限运动群

在定义 3.1 中给出的 n 阶旋转群 C_n, 定义 3.2 中给出的 $2n$ 阶二面体群 D_n 都是有限刚体运动群. 本章研究一般的有限刚体运动群. 先来介绍一个概念.

设 G 是一个平面刚体运动群, P 是平面上的任意一个定点, 点的集合

$$S = \{g(P) \,|\, \forall g \in G\} \tag{6.1}$$

称为点 P 在群 G 作用下的**轨道** (orbit). 当 G 是有限运动群时, 轨道中元素的个数不会超过群 G 的阶数, 因而是一个有限集合.

例如, 在二面体群 D_6 的作用下, 点 P 和点 Q 的轨道分别如图 6.1 的黑点所示.

将轨道中的点依逆时针方向顺序编号, 其中 P 点的轨道由 6 个点组成, 如

$$P_3 = \rho_2(P) = r_4(P);$$

Q 点的轨道由 12 个点组成, 如

$$Q_5 = \rho_2(Q), \quad Q_6 = r_4(Q).$$

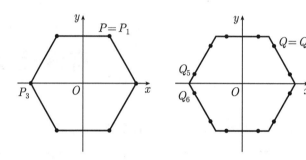

图 6.1

原点的轨道是集合 $\{O\}$, 仅由一个点组成. 轨道有下述简单性质:

引理 6.1 设 G 是平面刚体运动群, P 是平面上的任意一点, 由式 (6.1) 给出的 S 是 P 点的轨道, 则

(1) 任取 $Q \in S$, 存在 $g \in G$, 使得 $Q = g(P)$;

(2) $P \in S$;

(3) 任取 $g \in G, Q \in S, g(Q) \in S$.

证明 (1) 轨道的定义.

(2) $\mathrm{id} \in G, P = \mathrm{id}(P) \in S$.

(3) 因为 $Q \in S$, 根据轨道的定义, 存在 $h \in G$, 使得 $Q = h(P)$. 所以

$$g(Q) = g(h(P)) = (gh)(P) \in S.$$

56

引理证毕.

设 $S = \{P_1, P_2, \cdots, P_s\}$ 是一个有限集合, 根据力学原理, 这 s 个点的重心是下述点 Q:

$$\overrightarrow{OQ} = \frac{1}{s}(\overrightarrow{OP_1} + \overrightarrow{OP_2} + \cdots + \overrightarrow{OP_s}).$$

可以将 $\overrightarrow{OQ}$ 看成是括号中 s 个向量的平均.

引理 6.2 设 $S = \{P_1, P_2, \cdots, P_s\}$ 是平面上的有限点集, R 是点集的重心. 如果 m 是一个平面刚体运动, 则点集 $\{m(P_1), m(P_2), \cdots, m(P_s)\}$ 的重心是 $m(R)$.

证明 将平面向量 $\overrightarrow{OP_i}$ 和 $\overrightarrow{OR}$ 分别写成 2×1 阶矩阵的形式 $\boldsymbol{\beta}_i$ 和 $\boldsymbol{\gamma}$, 其中 $i = 1, 2, \cdots, s$.

(1) 设 $m = t_{\boldsymbol{\alpha}}$ 是一个平移, 则

$$m(\boldsymbol{\beta}_i) = \boldsymbol{\beta}_i + \boldsymbol{\alpha}, \quad m(\boldsymbol{\gamma}) = \boldsymbol{\gamma} + \boldsymbol{\alpha}.$$

因为

$$\boldsymbol{\gamma} + \boldsymbol{\alpha} = \frac{1}{s}[(\boldsymbol{\beta}_1 + \boldsymbol{\alpha}) + (\boldsymbol{\beta}_2 + \boldsymbol{\alpha}) + \cdots + (\boldsymbol{\beta}_s + \boldsymbol{\alpha})],$$

得到

$$m(\boldsymbol{\gamma}) = \frac{1}{s}[m(\boldsymbol{\beta}_1) + m(\boldsymbol{\beta}_2) + \cdots + m(\boldsymbol{\beta}_s)].$$

(2) 设 $m = \rho_\theta$ 是绕原点的旋转, 或 $m = r$ 是沿过原点的某条直线的反射, 且 m 的矩阵表达为 $\boldsymbol{A}$, 则

$$m(\boldsymbol{\gamma}) = \boldsymbol{A}\boldsymbol{\gamma} = \boldsymbol{A}\left[\frac{1}{s}(\boldsymbol{\beta}_1 + \cdots + \boldsymbol{\beta}_s)\right]$$
$$= \frac{1}{s}[\boldsymbol{A}\boldsymbol{\beta}_1 + \cdots + \boldsymbol{A}\boldsymbol{\beta}_s] = \frac{1}{s}[m(\boldsymbol{\beta}_1) + \cdots + m(\boldsymbol{\beta}_s)].$$

引理证毕.

定义 6.1 设 G 是一个平面刚体运动群, R 是平面上的点. 如果任取 $g \in G$, $g(R) = R$, 则称 R 为群 G 的不动点.

定理 6.1 设 G 是一个有限平面刚体运动群, 则 G 在平面上有不动点.

定理 6.1 一般称为**不动点定理** (fixed point theorem).

证明 任取点 P, 设集合 $S = \{g(P) \,|\, \forall g \in G\}$, 于是 S 是一个有限集, 它的重心 R 就是群 G 的一个不动点. 事实上, 任取 $Q \in S$, 根据引理 6.1 (3), Q 在群 G 的任意元素作用下的象仍然在 S 中. 另一方面, 根据引理 6.1 (1), S 中的任意一点都是点 P 在群 G 的某个元素作用下的像, 所以 $m(S) = S$, $m \in G$. 引理 6.2 保证了两个集合的重心 $m(R) = R$. 定理证毕.

如果将定理 6.1 给出的不动点取为直角坐标系的原点, 则 G 就成为正交群 O_2 的一个子群.

推论 6.1 如果一个平面刚体运动群 G 包含绕不同

点的两个旋转, 则 G 不是一个有限群.

证明 设 $\rho, \rho' \in G$ 分别是绕 O, O' 点的旋转, $O \neq O'$, 于是 O' 不是 ρ 的不动点. 推论证毕.

定理 6.2 设 G 是一个以原点为不动点的有限刚体运动群, n 是正整数. 则 G 只有下述两种可能:

(1) $G = C_n$ 是由绕原点的旋转 $\rho_\theta \left(\theta = \dfrac{2}{n}\pi \right)$ 生成的循环群;

(2) $G = D_n$ 是由绕原点的旋转 $\rho_\theta \left(\theta = \dfrac{2}{n}\pi \right)$ 和关于 Ox 轴的反射 r_0 生成的二面体群.

证明 (1) 设 G 的所有元素都是旋转. 如果 $G = \{\mathrm{id}\}$, 则 $G = C_1$; 否则, G 包含一个旋转 ρ_θ, 并且 $\theta \neq 2k\pi$. 不妨设 θ 是 G 中所有旋转的最小正角度, 则 G 一定由 ρ_θ 生成. 事实上, 任取 $\rho_\varphi \in G$, 于是存在某个整数 k, 使得 $\varphi = k\theta + \eta$, 其中 $0 \leqslant \eta < \theta$. 因为 G 是一个群, $\rho_\theta, \rho_\varphi \in G$ 意味着 $\rho_\eta = \rho_\varphi \rho_{-k\theta} \in G$. 但是 θ 为最小正角度, 所以 $\eta = 0, \varphi = k\theta$. 这就证明了 G 是一个循环群.

下面证有限性. 设 $n\theta \geqslant 2\pi$, 并且 n 是满足这个条件的最小正整数, 于是有 $2\pi \leqslant n\theta < 2\pi + \theta$. 如果 $2\pi < n\theta < 2\pi + \theta$, 则 $0 < n\theta - 2\pi < \theta$. 但是 $\rho_{n\theta} \in G, \rho_{2\pi} = \mathrm{id} \in G$, 从而 $\rho_{n\theta - 2\pi} \in G$, 与 θ 是 G 中旋转的最小角度矛盾, 所以

$$n\theta = 2\pi, \theta = \frac{2}{n}\pi.$$

(2) 设 G 包含一个反射, 不妨将 Ox 轴取在反射轴上, 于是这个反射就是 r_0. 令 H 是由 G 中的旋转组成的集合, 则根据 (1), H 是一个由 $\rho_\theta \left(\theta = \frac{2}{n}\pi \right)$ 生成的循环群 C_n. 这时, $2n$ 个元素的集合 $\{\rho_i = \rho^i, r_i = \rho_i r_0 \mid i = 1, 2, \cdots, n-1\}$ 构成了二面体群 D_n, 它是 G 的一个子群. 下面来证明 $G = D_n$. 事实上, 如果 $g \in G$ 是一个旋转, 则 $\rho \in H \subset D_n$; 如果 $g \in G$ 是一个反射, 根据推论 2.1, $g = \rho_\varphi r_0$. 因为 $r_0 \in G$, 所以 $gr_0 = \rho_\varphi \in G$, 即 $\rho_\varphi \in H$. 最后得到 $G = D_n$. 定理证毕.

有了定理 6.2, 终于可以回答引言中提出的关于正六边形的对称性问题了.

推论 6.2 正 n 边形的对称群是 D_n.

证明 首先, 正 n 边形的任意对称必须将顶点对应到顶点, 所以对称群是有限群. 其次, 对称群的旋转子群是 C_n, 并且包含一个反射. 根据定理 6.2, 这样的群只能是 D_n. 推论证毕.

例 6.1 在图 0.1 中蝴蝶和小桥流水的对称群都是 D_2. 在图 0.2 中, 纸风车的对称群是 C_4, 凤凰台标的对称群是 C_2. 在图 0.3 中, 花朵的对称群是 D_5, 正六边形的对

称群是 D_6.

习　题　6

1. 写出下述三角形的对称群:

(1) 边长两两不等的三角形; (2) 等腰三角形; (3) 等边三角形.

2. 写出下述四边形的对称群:

(1) 平行四边形; (2) 菱形; (3) 矩形; (4) 正方形; (5) 等腰梯形.

第7章 ·················

平移与格点

前面已经详尽地讨论过平面正交群, 它由绕原点的旋转和关于过原点的直线的反射组成. 本章考虑全体平移的集合连同它们的乘积.

引理 7.1 设集合 $T_2 = \{t_{\boldsymbol{\alpha}} \in M_2 \mid \forall \boldsymbol{\alpha} \in \mathbb{R}^2\}$, 则 T_2 是 M_2 的一个子群, 并且

$$\mathbb{R}^2 \to T_2, \quad \boldsymbol{\alpha} \mapsto t_{\boldsymbol{\alpha}}$$

是一个一一映射, 使得 $\boldsymbol{\alpha} + \boldsymbol{\beta} \mapsto t_{\boldsymbol{\alpha}} t_{\boldsymbol{\beta}}$.

证明 因为 $t_{\boldsymbol{\alpha}} t_{\boldsymbol{\beta}} = t_{\boldsymbol{\alpha}+\boldsymbol{\beta}}$, 所以 T_2 对于 M_2 的乘法运算封闭. 又因为 $\mathrm{id} = t_0$ 是按照零向量的平移, 并且 $t_{\boldsymbol{\alpha}}$ 有逆元 $t_{-\boldsymbol{\alpha}}$, T_2 是 M_2 的一个子群. $\mathbb{R}^2$ 与 T_2 之间的一一对应显然. 引理证毕.

例 7.1 设 $t_{\boldsymbol{\alpha}} \in T_2$ 是任意一个平移, 证明在平面运动群 M_2 中, 任取绕原点的旋转 $\rho_\theta, \rho_\theta^{-1} t_{\boldsymbol{\alpha}} \rho_\theta \in T_2$, 并且 $r_0^{-1} t_{\boldsymbol{\alpha}} r_0 \in T_2$. 更一般地, 任取 $m \in M_2, m^{-1} t_{\boldsymbol{\alpha}} m \in T_2$.

证明 根据引理 5.2, $\rho_\theta^{-1} t_{\boldsymbol{\alpha}} \rho_\theta = \rho_\theta^{-1} \rho_\theta t_{\boldsymbol{\beta}} = t_{\boldsymbol{\beta}}$, 其中

$\beta = \rho_{-\theta}(\boldsymbol{\alpha})$. $r_0^{-1}t_{\boldsymbol{\alpha}}r_0 = r_0^{-1}r_0t_{\boldsymbol{\gamma}} = t_{\boldsymbol{\gamma}}$ 其中 $\boldsymbol{\gamma} = r_0(\boldsymbol{\alpha})$. 一般地, 设 $m = t_{\boldsymbol{\beta}}\rho_\theta r_0^i \in M_2, i = 0$ 或 1,

$$
\begin{aligned}
m^{-1}t_{\boldsymbol{\alpha}}m &= (r_0^{-i}\rho_\theta^{-1}t_{-\boldsymbol{\beta}})t_{\boldsymbol{\alpha}}(t_{\boldsymbol{\beta}}\rho_\theta r_0^i) \\
&= r_0^{-i}(\rho_\theta^{-1}t_{\boldsymbol{\alpha}}\rho_\theta)r_0^i \\
&= r_0^{-i}t_{\rho_{-\theta}(\boldsymbol{\alpha})}r_0^i \\
&= \begin{cases} t_{\rho_{-\theta}(\boldsymbol{\alpha})}, & i = 0; \\ t_{(r_0\rho_{-\theta})(\boldsymbol{\alpha})}, & i = 1. \end{cases}
\end{aligned}
$$

设 $t_{\boldsymbol{\alpha}} \in T_2$ 是平面按照向量 $\boldsymbol{\alpha}$ 的平移. 于是 $t_{\boldsymbol{\alpha}}^2 = t_{\boldsymbol{\alpha}}t_{\boldsymbol{\alpha}} = t_{2\boldsymbol{\alpha}}$ 是平面按照向量 $2\boldsymbol{\alpha}$ 的平移, 以此类推, 对于任意正整数 n, $t_{\boldsymbol{\alpha}}^n = t_{n\boldsymbol{\alpha}}$ 是平面按照向量 $n\boldsymbol{\alpha}$ 的平移. $t_{\boldsymbol{\alpha}}$ 的逆变换 $t_{\boldsymbol{\alpha}}^{-1} = t_{-\boldsymbol{\alpha}}$ 是平面按照向量 $-\boldsymbol{\alpha}$ 的平移, $t_{\boldsymbol{\alpha}}^{-n} = t_{-n\boldsymbol{\alpha}}$ 是平面按照向量 $-n\boldsymbol{\alpha}$ 的平移. 记 $t_{\boldsymbol{\alpha}}^0 = \mathrm{id}$, 得到下述集合:

$$\langle t_{\boldsymbol{\alpha}} \rangle = \{\cdots, t_{-n\boldsymbol{\alpha}}, \cdots, t_{-\boldsymbol{\alpha}}, \mathrm{id}, t_{\boldsymbol{\alpha}}, \cdots, t_{n\boldsymbol{\alpha}}, \cdots\}.$$

$\langle t_{\boldsymbol{\alpha}} \rangle$ 是一个由 $t_{\boldsymbol{\alpha}}$ 生成的循环群, 是 T_2 的一个子群. 与定义 3.1 给出的 n 阶循环群 $C_n = \langle \rho_{\frac{2}{n}\pi} \rangle$ 不同, $\langle t_{\boldsymbol{\alpha}} \rangle$ 是一个无限阶循环群.

注意到 M_2 中的全体旋转不构成一个群, 全体反射不构成一个群, 全体旋转和反射也不构成一个群. 必须

是有共同不动点 (通常取为坐标原点) 的全体旋转, 或全体旋转和反射才构成一个群, 后者就是正交群.

有不同不动点的两个正交群可以通过平移建立起联系.

引理 7.2 在平面上建立直角坐标系 $O\text{-}xy$. 取定平面上的任意一点 R, 记 $\overrightarrow{OR} = \boldsymbol{\alpha}$. 设 $\rho_\theta, \rho'_\theta$ 分别是平面绕原点 O 和点 R 逆时针转过角 θ 的旋转, r, r' 分别是平面关于 Ox 轴和过点 R 平行于 Ox 的直线的反射 (图 7.1), 则

$$\rho'_\theta = t_{\boldsymbol{\alpha}} \rho_\theta t_{\boldsymbol{\alpha}}^{-1}, \quad r' = t_{\boldsymbol{\alpha}} r t_{\boldsymbol{\alpha}}^{-1}.$$

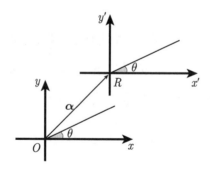

图 7.1

将以 R 为不动点的正交群记作 O', 于是有

$$O' = t_{\boldsymbol{\alpha}} O t_{\boldsymbol{\alpha}}^{-1}.$$

证明 可以用下述方式得到 ρ'_θ: 先将平面按照向量

$-\boldsymbol{\alpha}$ 平移, 使得点 R 移至点 O. 再将平面绕点 O 旋转角 θ, 最后将平面按照向量 $\boldsymbol{\alpha}$ 平移, 于是点 O 移回到点 R, 得到公式

$$\rho'_\theta = t_{\boldsymbol{\alpha}} \rho_\theta t_{-\boldsymbol{\alpha}} = t_{\boldsymbol{\alpha}} \rho_\theta t_{\boldsymbol{\alpha}}^{-1}.$$

运用同样的方法可以从 r 得到 r',

$$r' = t_{\boldsymbol{\alpha}} r t_{-\boldsymbol{\alpha}} = t_{\boldsymbol{\alpha}} r t_{\boldsymbol{\alpha}}^{-1}.$$

最后, 因为每一个以点 R 为不动点的平面刚体运动都可以写成 ρ'_θ 或者 r', 于是得到 $O' = t_{\boldsymbol{\alpha}} O t_{\boldsymbol{\alpha}}^{-1}$, 引理证毕.

定理 7.1 从平面刚体运动群 M_2 到正交群 O_2 建立一个集合之间的映射

$$f : M_2 \to O_2, \quad t_{\boldsymbol{\alpha}} \rho_\theta \mapsto \rho_\theta, \ t_{\boldsymbol{\alpha}} \rho_\theta r_0 \mapsto \rho_\theta r_0,$$

则

$$(t_{\boldsymbol{\alpha}} \rho_\theta r_0^i)(t_{\boldsymbol{\beta}} \rho_\varphi r_0^j) \mapsto \rho_\theta r_0^i \rho_\varphi r_0^j, \quad i, j \in \{0, 1\}.$$

证明 根据引理 5.1, 任意平面刚体运动都可以唯一地表示成 $t_{\boldsymbol{\alpha}} \rho_\theta r_0^i$, 其中 $i \in \{0, 1\}$. 运用引理 5.2

$$(t_{\boldsymbol{\alpha}} \rho_\theta r_0^i)(t_{\boldsymbol{\beta}} \rho_\varphi r_0^j) = t_{\boldsymbol{\alpha}} \rho_\theta t_{\boldsymbol{\beta}_1} r_0^i \rho_\varphi r_0^j = t_{\boldsymbol{\alpha}} t_{\boldsymbol{\beta}_2} \rho_\theta r_0^i \rho_\varphi r_0^j$$

$$= t_{\boldsymbol{\alpha} + \boldsymbol{\beta}_2} \rho_\theta r_0^i \rho_\varphi r_0^j \mapsto \rho_\theta r_0^i \rho_\varphi r_0^j,$$

其中 $\boldsymbol{\beta}_1 = r_0^i(\boldsymbol{\beta}_1)$, $\boldsymbol{\beta}_2 = \rho_\theta(\boldsymbol{\beta}_1)$. 定理证毕.

例 7.2 设 $m \in M_2$, 定理 7.1 的映射 f 使得 $f(m) = \mathrm{id}$, 当且仅当 $m = t_{\boldsymbol{\alpha}}$.

回到引理 7.1 建立的平面向量与平移运动之间的一一对应, 不妨先来考察平面向量连同向量的加法运算.

引理 7.3 平面向量的集合关于向量的加法运算构成一个群.

证明 平面向量的加法适合结合律, 零向量 $\mathbf{0}$ 满足条件

$$\boldsymbol{\alpha} + \mathbf{0} = \boldsymbol{\alpha} = \mathbf{0} + \boldsymbol{\alpha}, \quad \boldsymbol{\alpha} \in \mathbb{R}^2,$$

$\mathbf{0}$ 称为零元 (相当于定义 3.3 中的单位元). 任取向量 $\boldsymbol{\alpha}$, $\boldsymbol{\alpha} + (-\boldsymbol{\alpha}) = \mathbf{0} = (-\boldsymbol{\alpha}) + \boldsymbol{\alpha}$, 因此, $-\boldsymbol{\alpha}$ 是 $\boldsymbol{\alpha}$ 的负元 (相当于定义 3.3 中的逆元). 引理证毕.

引理 7.3 中给出的群称为**平面加法群** (plane additive group), 记作 $(\mathbb{R}^2, +)$.

定义 7.1 设 $L \subset \mathbb{R}^2$ 是一个子群, 如果存在某个正实数 ε, 使得

$$|\boldsymbol{\alpha} - \boldsymbol{\beta}| > \varepsilon, \quad \forall \boldsymbol{\alpha}, \boldsymbol{\beta} \in L, \boldsymbol{\alpha} \neq \boldsymbol{\beta},$$

则称 L 为平面加法群的一个**离散子群** (discrete subgroup).

定理 7.2 $\mathbb{R}^2$ 的离散子群 L 有下述三种可能的形式:

(1) $L = \{\mathbf{0}\}$;

(2) L 是由一个非零向量 $\boldsymbol{\alpha}$ 生成的加法循环群,

$$L = \{ m\boldsymbol{\alpha} \mid m\text{是任意整数}\};$$

(3) L 是由两个不共线的非零向量 $\boldsymbol{\alpha}, \boldsymbol{\beta}$ 生成的加法群：

$$L = \{ m\boldsymbol{\alpha} + n\boldsymbol{\beta} \mid m, \ n\text{是任意整数}\}.$$

定理 7.2(2) 形式的离散子群 L 的点位于同一条直线上, 如图 7.2 所示.

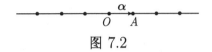

图 7.2

定理 7.2(3) 形式的离散子群 L 称为**平面格点** (plane lattice), 子群的生成元 $\boldsymbol{\alpha}, \boldsymbol{\beta}$ 叫做**格点基** (lattice basis), 如图 7.3 所示.

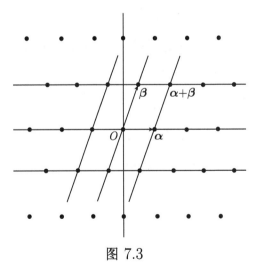

图 7.3

将定理 7.2 的证明分成如下三个引理.

引理 7.4 设 L 是 $\mathbb{R}^2$ 的离散子群, 则

(1) $\mathbb{R}^2$ 的任意有界子集 S 仅包含 L 的有限多个点;

(2) 如果 $L \neq \{0\}$, 则 L 包含一个长度极小的向量.

证明 (1) 回忆一个集合 S 有界, 是指存在一个以原点为中心, 边长足够大且各边与坐标轴平行的正方形, 使得 S 被包含在正方形内, 或等价地, S 中点的坐标有界. 显然, S 有界意味着 $S \cap L$ 有界. 如果一个无限集是有界的, 则任取小的正数, 集合中一定存在距离小于这个正数的两个点. 也就是说, 集合中的各点不可能被 ε 隔开, 因而 $S \cap L$ 是有限集合.

(2) L 的向量 $\boldsymbol{\alpha}$ 有极小长度, 是指任取 $\boldsymbol{\xi} \in L$, $|\boldsymbol{\xi}| \leqslant |\boldsymbol{\alpha}|$. 不要求极小长度向量是唯一的, 因为至少 $-\boldsymbol{\alpha}$ 与 $\boldsymbol{\alpha}$ 长度相等. 现在设 $L \neq \{0\}$, 取任意非零向量 $\boldsymbol{\gamma} \in L$, 令 S 是一个以原点为心, $|\boldsymbol{\gamma}|$ 为半径的圆, 于是 S 有界. 根据 (1), S 中仅包含 L 的有限个点. 取其中长度最小的向量即可. 引理证毕.

引理 7.5 设 L 是 $\mathbb{R}^2$ 的离散子群. 如果 $L \neq \{0\}$, 并且存在一条过原点的直线 l, 使得 L 中所有的向量都落

在直线 l 上, 则 $L = \{m\boldsymbol{\alpha}\}$, 其中 $\boldsymbol{\alpha}$ 为一个长度极小的非零向量, m 为任意整数.

证明 根据引理 7.4, L 中存在长度极小的非零向量 $\boldsymbol{\alpha}$. 现在任取 L 中的向量 $\boldsymbol{\xi}$, 于是 $\boldsymbol{\xi}$ 和 $\boldsymbol{\alpha}$ 都在直线 l 上, 所以存在一个实数 s, 使得 $\boldsymbol{\xi} = s\boldsymbol{\alpha}$. 令 $m = [s]$ 是 s 的最大整数部分, 则有 $s = m + s_0$, 满足 $0 \leqslant s_0 < 1$. 这时 $s_0\boldsymbol{\alpha} = \boldsymbol{\xi} - m\boldsymbol{\alpha} \in L$, 如果 $s_0 \neq 0$, 则 $0 < |s_0\boldsymbol{\alpha}| < |\boldsymbol{\alpha}|$, 与 $\boldsymbol{\alpha}$ 的选择矛盾, 所以 $s_0 = 0, \boldsymbol{\xi} = m\boldsymbol{\alpha}$, 引理证毕.

引理 7.6 设 L 是 $\mathbb{R}^2$ 的离散子群. 如果 $L \neq \{0\}$, 并且引理 7.5 给出的直线 l 不存在, 则存在一对不共线的非零向量 $\boldsymbol{\alpha}, \boldsymbol{\beta}$, 使得 $L = \{m\boldsymbol{\alpha} + n\boldsymbol{\beta}\}$, 其中 $\boldsymbol{\alpha}$ 为一个长度极小的非零向量, m, n 为任意整数.

证明 根据引理 7.4, L 中存在长度极小的非零向量 $\boldsymbol{\alpha}$, 记 $\boldsymbol{\alpha}$ 所在的直线为 l. 根据引理 7.5, $l \cap L$ 是由向量 $\boldsymbol{\alpha}$ 生成的. 以 $\boldsymbol{\alpha}$ 的起点为原点, $\boldsymbol{\alpha}$ 所在方向为 Ox 轴建立直角坐标系 $O\text{-}xy$. 任取一个以 $\boldsymbol{\alpha}, \boldsymbol{\beta}'$ 为一组邻边的平行四边形 $OAC'B'$(图 7.4), 因为平行四边形 $OAC'B'$ 是有界的, 仅包含 L 中的有限个点, 所以可以在其中选择一个点 B, 使得 B 到直线 l 的距离最短, 记 $\boldsymbol{\beta} = \overrightarrow{OB}$. 用平行四边形 $OACB$ 代替 $OAC'B'$, 我们指出, 除了 4 个顶点, 平

行四边形 $OACB$ 的边界和内部都不会包含 L 中的其他点. 事实上, 根据 β 的取法, $L\cap$(平行四边形 $OACB$) 中的点只能位于线段 OA 或 BC 上. 否则, 将以该点为终点的向量记作 γ, 于是 γ 或者 $\gamma-\alpha$ 将会落在四边形 $OAC'B'$ 中, 并且它们的终点到 l 的距离小于 B 到 l 的距离, 与 β 的选择矛盾. 根据 α 的取法, 线段 OA 上不会再有 l 的点. 如果 BC 上有 L 的点 Q, 记 $\gamma = \overrightarrow{OQ}$, 则向量 $\gamma-\beta$ 的终点位于线段 OA 上, 只能取 O 或者 A, 于是 $Q = B$ 或者 $Q = C$.

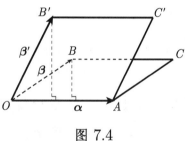

图 7.4

最后, 任取向量 $\boldsymbol{\xi} \in L$, 于是 $\boldsymbol{\xi} = s\boldsymbol{\alpha}+t\boldsymbol{\beta}$, 其中 s,t 为实数. 分别取它们的最大整数部分 m,n, 得到 $s = m+s_0, t = n+t_0$, 其中 $0 \leqslant s_0, t_0 < 1$. 令 $\boldsymbol{\xi}_0 = s_0\boldsymbol{\alpha}+t_0\boldsymbol{\beta}$, 易见 $\boldsymbol{\xi}_0$ 落在平行四边形 $OACB$ 中. 另一方面, $\boldsymbol{\xi}_0 = \boldsymbol{\xi} - m\boldsymbol{\alpha} - n\boldsymbol{\beta} \in L$, 于是 $\boldsymbol{\xi}_0$ 的终点必须是四边形的顶点. 因为 $s_0, t_0 < 1$, 终点只能是原点, 所以 $\boldsymbol{\xi}_0 = 0, \boldsymbol{\xi} = m\boldsymbol{\alpha} + n\boldsymbol{\beta}$. 引理证毕.

引理 7.6 中给出的向量 $\boldsymbol{\alpha}, \boldsymbol{\beta}$ 恰为子群 L 的生成元, 或平面格点 L 的基.

习　题　7

1. 设 $\boldsymbol{\alpha}, \boldsymbol{\beta}$ 是平面格点 L 的基, 则向量 $\boldsymbol{\alpha}', \boldsymbol{\beta}'$ 也是一个格点基, 当且仅当 $\boldsymbol{\alpha}' = a\boldsymbol{\alpha} + b\boldsymbol{\beta}$, $\boldsymbol{\beta}' = c\boldsymbol{\alpha} + d\boldsymbol{\beta}$, 其中 a, b, c, d 都是整数, 并且 $ac - bd = 1$.

离散运动群

第 6 章已经研究过平面有限运动群 C_n, D_n, 用于讨论有界图形的对称性. 代替"有限", 在本章研究"离散运动群", 用于讨论无界图形的对称性.

定义 8.1 设 G 是一个平面运动群. 如果存在某个正实数 ε, 使得

(1) 任取 $t_{\boldsymbol{\alpha}} \in G, |\boldsymbol{\alpha}| > \varepsilon$;

(2) 任取 $\rho_\theta \in G, |\theta| > \varepsilon$,

则称运动群 G 为**离散的** (discrete).

引理 8.1 设 G 是一个离散运动群, 则 $L_G = T_2 \cap G$ 是 G 的一个子群, 并且 L_G 与一个平面格点 $L = \{\boldsymbol{\xi} \,|\, t_{\boldsymbol{\xi}} \in G\}$ 在引理 7.1 的意义下一一对应.

证明 任取 $t_{\boldsymbol{\eta}}, t_{\boldsymbol{\xi}} \in T_2 \cap L_G$, 于是 $t_{\boldsymbol{\eta}} t_{\boldsymbol{\xi}} \in T_2$ 和 G, 即 $t_{\boldsymbol{\eta}} t_{\boldsymbol{\xi}} \in L_G$, 运动的乘法封闭. 结合律、恒等元和逆元的三个要求显然满足. 引理证毕.

引理 8.1 中得到的子群 L_G 称为 G 的**平移子群** (translation subgroup).

回忆在定理 7.1 中定义的从平面的全体刚体运动群到正交群的一个映射 $f: M_2 \to O_2$. 将这个映射限制到 G 上, 就得到了映射

$$f|_G : G \to O_2.$$

将映射 $f|_G$ 的像的集合记作 $\bar{G}$, 则 $\bar{G}$ 是 O_2 的一个子集.

引理 8.2 设 G 是一个离散运动群, 则 $\bar{G}$ 是 O_2 的一个有限子群 C_n 或 D_n.

证明 任取 $\rho_\theta \in \bar{G}$, 于是在 G 中存在绕某个点的旋转 $t_\xi \rho_\theta$, 使得 $f(t_\xi \rho_\theta) = \rho_\theta$, 所以 $\rho_\theta \in \bar{G}$ 的原像由 G 中所有绕某些点逆时针转过角 θ 的旋转构成.

类似地, 任取 $\rho_\theta r_0 \in \bar{G}$, 它的反射轴 l 是从 Ox 轴逆时针旋转角 $\dfrac{\theta}{2}$ 得到的, 于是在 G 中, 存在某个反射或者滑动反射 $t_\xi \rho_\theta r_0$, 其反射轴平行于 l, 使得 $f(t_\xi \rho_\theta r_0) = \rho_\theta r_0$, 所以 $\rho_\theta r_0 \in \bar{G}$ 的原像由 G 中的所有反射轴平行于 l 的反射或滑动反射构成.

因为 G 是离散的, 而 $\bar{G}$ 中运动的旋转角度与 G 中的相同, 所以 $\bar{G}$ 也是离散的. 事实上, $\bar{G}$ 是有限的. 这是因为将旋转角度限制到 $0 \sim 2\pi$, 离散实数集的取值是有限

的. $\bar{G}$ 关于运动乘法的封闭性可以从定理 7.1 得到, 结合律、恒等元和逆元的三个要求显然满足. 根据定理 6.2, $\bar{G}$ 是循环群 C_n 或二面体群 D_n. 引理证毕.

引理 8.2 中得到的有限群 $\bar{G}$ 称为离散群 G 的**点群** (point group).

引理 8.3 设 G 是一个离散运动群, 点群为 $\bar{G}$; 平移子群为 L_G, 对应于平面 $\mathbb{R}^2$ 的加法子群 L. 则 $\bar{G}$ 将 L 映到自身, 即任取 $\bar{g} \in \bar{G}, \bar{g}(\boldsymbol{\xi}) \in L$.

证明 向量 $\boldsymbol{\xi} \in L$ 当且仅当平移 $t_{\boldsymbol{\xi}} \in L_G$, 于是只要证明任取 $t_{\boldsymbol{\xi}} \in L_G, \bar{g} \in \bar{G}, t_{\bar{g}(\boldsymbol{\xi})} \in L_G$ 即可. 根据点群的定义, 存在 $g \in G$, 使得 $f(g) = \bar{g}$, 其中 $g = t_\gamma \rho_\theta$ 或者 $g = t_\gamma \rho_\theta r_0$. 因为 $g^{-1} t_{\boldsymbol{\xi}} g \in L_G$, 根据例 7.1,

$$g^{-1} t_{\boldsymbol{\xi}} g = \begin{cases} t_{\rho_{-\theta}(\boldsymbol{\xi})}, \\ t_{\rho_{-\theta}(r_0(\boldsymbol{\xi}))}, \end{cases}$$

所以 $\rho_{-\theta}(\boldsymbol{\xi}), r_0(\rho_{-\theta}(\boldsymbol{\xi})) \in L_G$, 即 $\bar{g}(\boldsymbol{\xi}) \in L_G$. 引理证毕.

定理 8.1 设 $G \subset O_2$ 是平面格点 L 的对称群的一个有限子群, 则

(1) G 中的任意旋转的角度只能是 $0, \frac{2}{2}\pi, \frac{2}{3}\pi, \frac{2}{4}\pi, \frac{2}{6}\pi$;

(2) G 只能是群 C_n 或者 D_n, 其中 $n = 1, 2, 3, 4, 6$.

定理 8.1 通常称为**晶体制约** (crystallographic restriction) 定理.

证明 因为 (2) 是 (1) 的自然推论, 所以只证明 (1). 设 $\rho_\theta \in G$, 使得 θ 是 G 中旋转的极小角度, 再设 $\boldsymbol{\alpha} \in L$ 是平面格点中的极小长度向量 (图 8.1). 因为 G 作用于 L, $\rho_\theta(\boldsymbol{\alpha}) \in L$, 所以 $\boldsymbol{\beta} = \rho_\theta(\boldsymbol{\alpha}) - \boldsymbol{\alpha} \in L$. 又因为 $\boldsymbol{\alpha}$ 有极小长度, $|\boldsymbol{\beta}| \geqslant |\boldsymbol{\alpha}|$, 所以 $\theta \geqslant \dfrac{1}{3}\pi$. 如果 $\theta = \dfrac{2}{5}\pi$, 则 $\boldsymbol{\gamma} = \rho_\theta^2(\boldsymbol{\alpha}) + \boldsymbol{\alpha}$ 的长度 $|\boldsymbol{\gamma}| < |\boldsymbol{\alpha}|$, 矛盾 (图 8.2). 因此, θ 只能取 (1) 中给出的角度. 定理证毕.

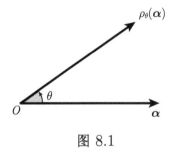

图 8.1

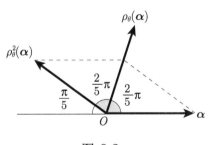

图 8.2

75

习 题 8

1. 证明绕原点的旋转构成的离散子群 G 是有限循环群, 生成元为 ρ_θ, 其中 θ 为群 G 中旋转的最小角度.

第 9 章 ·················

带饰与面饰

有了晶体制约定理, 下面来回答引言中提出的另一个问题: 如何刻画平面无界图形的对称. 在本章中, 总是假定 G 是一个平面离散运动群, 点群为 $\bar{G}$; 平移子群为 L_G, 对应于平面 $\mathbb{R}^2$ 的加法子群 L. 根据定理 7.2 中对 L 的分类, 可以给出离散运动群的分类.

当 $L = \{0\}$ 时, $L_G = \{\mathrm{id}\}$, 运动群 G 与它的点群 $\bar{G}$ 重合. 于是离散群 G 是正交群 O_2 的一个有限子群. 在定理 6.2 中已经证明了 $G = C_n$ 或者 $G = D_n$, 其中 n 是一个正整数.

当 L 是由一个非零向量 $\boldsymbol{\alpha}$ 生成的加法循环群时, 以群 G 为对称群的平面无限图形称为**带饰** (frieze pattern).

这时, G 的平移子群 L_G 是由 $t_{\boldsymbol{\alpha}}$ 生成的循环群, 点群 $\bar{G}$ 只有下述 4 种可能: $\bar{G} = C_1$; $\bar{G} = D_1$; $\bar{G} = C_2$; $\bar{G} = D_2$. 事实上, 根据定理 8.1, $\bar{G}$ 只能是循环群 C_n 或者二面体群 D_n, 其中 $n = 1, 2, 3, 4, 6$. 因为 $\bar{G}$ 的作用必须保持向量

α 所在的直线 l 不变, 这里的取值只能是 $n = 1, 2$.

用符号 $G = \langle h_1, \cdots, h_r \rangle$ 表示群 G 是由元素 $h_1, \cdots, h_r$ 生成的, 也就是说, 群的任意元素都可以写成 $g = g_1^{\epsilon_1} \cdots g_s^{\epsilon_s}$ 的形式, 其中 $g_j \in \{h_1, \cdots, h_r\}, \epsilon_j = \pm 1 (1 \leqslant j \leqslant s)$. 此外, 因为在每一种情况下都会标明反射或滑动反射的轴, 所以将绕轴的反射简记作 r.

定理 9.1   如果 L 是由一个非零向量 $\boldsymbol{\alpha}$ 生成的加法循环群, 则点群 $\bar{G}$ 和群 G 有下述可能性:

(1) $\bar{G} = C_1 = \{\mathrm{id}\}$, 则 $G = \langle t_{\boldsymbol{\alpha}} \rangle$, 见图 9.1.

图 9.1

(2) $\bar{G} = D_1 = \langle r \rangle$, 则 $G = \langle t_{\boldsymbol{\alpha}}, r \rangle$, 图 9.2(a) 中的 l 是反射轴, 图 9.2(b) 中的 l 是滑动反射的轴, 图 9.2(c) 中的虚线是反射轴.

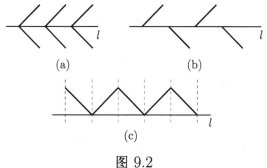

(a)   (b)

(c)

图 9.2

78

(3) $\bar{G} = C_2 = \langle \rho_\pi \rangle$, 则 $G = \langle t_{\boldsymbol{\alpha}}, \rho_\pi \rangle$, 图 9.3 中的黑点是旋转中心.

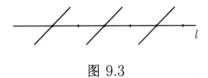

图 9.3

(4) $\bar{G} = D_2 = \langle \rho_\pi, r \rangle$, 则 $G = \langle t_{\boldsymbol{\alpha}}, \rho_\pi, r \rangle$, 其中虚线为反射轴, 黑点为旋转中心, 图 9.4(a) 中的 l 是反射轴, 图 9.4(b) 中的 l 是滑动反射轴.

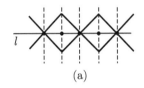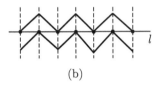

(a) (b)

图 9.4

例 9.1 图 0.4 花边的对称群由图 9.1 给出; 图 0.5 花边的对称群由图 9.2(b) 给出.

当 L 是平面格点时, 群 G 称为平面**晶体运动群** (crys-tallographic group), 以 G 为对称群的平面无限图形称为**面饰** (wallpaper pattern). 与定理 9.1 的情况类似地, 也可以根据点群 $\bar{G}$ 的结构对平面离散运动群进行分类, 从而得到面饰的分类. 由于这种分类比较复杂, 证明很长, 所

以在这里只列出结果.

定理 9.2 如果 L 是以向量 $\boldsymbol{\alpha},\boldsymbol{\beta}$ 为基的平面格点, 则 G 的平移子群 L_G 是由 $t_{\boldsymbol{\alpha}},t_{\boldsymbol{\beta}}$ 生成的乘法群, 点群 $\bar{G}$ 和群 G 有下述可能性:

(1) $\bar{G}=\{\mathrm{id}\}$ 只含有单位元, 则 $G=L_G=\langle t_{\boldsymbol{\alpha}},t_{\boldsymbol{\beta}}\rangle$, $\boldsymbol{\alpha},\boldsymbol{\beta}$ 的夹角可以取 $k\pi$ 以外的任意值, 见图 9.5.

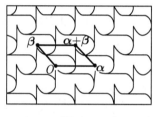

图 9.5

(2) $\bar{G}$ 只含有旋转, 不含反射或滑动反射.

(i) $\bar{G}=\langle\rho_\pi\rangle$, 则 $G=\langle t_{\boldsymbol{\alpha}},t_{\boldsymbol{\beta}},\rho_\pi\rangle$, $\boldsymbol{\alpha},\boldsymbol{\beta}$ 的夹角可以取 $k\pi$ 以外的任意值, 运算为 $\rho_\pi^{-1}t_{\boldsymbol{\alpha}}\rho_\pi=t_{-\boldsymbol{\alpha}}$, $\rho_\pi^{-1}t_{\boldsymbol{\beta}}\rho_\pi=t_{-\boldsymbol{\beta}}$, 见图 9.6.

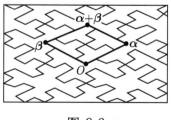

图 9.6

(ii) $\bar{G} = \langle \rho_{\frac{2}{3}\pi} \rangle$，则 $G = \langle t_{\boldsymbol{\alpha}}, t_{\boldsymbol{\beta}}, \rho_{\frac{2}{3}\pi} \rangle$，$\boldsymbol{\alpha}, \boldsymbol{\beta}$ 的夹角是 $\frac{2}{3}\pi$，并且 $\boldsymbol{\beta} = \rho_{\frac{2}{3}\pi}(\boldsymbol{\alpha})$，运算为 $\rho_{\frac{2}{3}\pi}^{-1} t_{\boldsymbol{\alpha}} \rho_{\frac{2}{3}\pi} = t_{-(\boldsymbol{\alpha}+\boldsymbol{\beta})}, \rho_{\frac{2}{3}\pi}^{-1} t_{\boldsymbol{\beta}} \rho_{\frac{2}{3}\pi} = t_{\boldsymbol{\alpha}}$，见图 9.7.

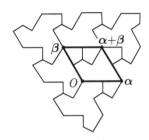

图 9.7

(iii) $\bar{G} = \langle \rho_{\frac{1}{2}\pi} \rangle$，则 $G = \langle t_{\boldsymbol{\alpha}}, t_{\boldsymbol{\beta}}, \rho_{\frac{1}{2}\pi} \rangle$，$\boldsymbol{\alpha}, \boldsymbol{\beta}$ 的夹角是 $\frac{1}{2}\pi$，并且 $\boldsymbol{\beta} = \rho_{\frac{1}{2}\pi}(\boldsymbol{\alpha})$，运算为 $\rho_{\frac{1}{2}\pi}^{-1} t_{\boldsymbol{\alpha}} \rho_{\frac{1}{2}\pi} = t_{-\boldsymbol{\beta}}, \rho_{\frac{1}{2}\pi}^{-1} t_{\boldsymbol{\beta}} \rho_{\frac{1}{2}\pi} = t_{\boldsymbol{\alpha}}$，见图 9.8.

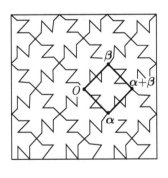

图 9.8

(vi) $\bar{G} = \langle \rho_{\frac{1}{3}\pi} \rangle$，则 $G = \langle t_{\boldsymbol{\alpha}}, t_{\boldsymbol{\beta}}, \rho_{\frac{1}{3}\pi} \rangle$，$\boldsymbol{\alpha}, \boldsymbol{\beta}$ 的夹角是 $\frac{1}{3}\pi$，

并且 $\beta = \rho_{\frac{1}{3}\pi}(\alpha)$, 运算为 $\rho_{\frac{1}{3}\pi}^{-1} t_\alpha \rho_{\frac{1}{3}\pi} = t_{\alpha-\beta}, \rho_{\frac{1}{3}\pi}^{-1} t_\beta \rho_{\frac{1}{3}\pi} = t_\alpha$, 见图 9.9.

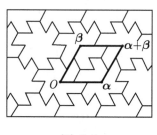

图 9.9

(3) $\bar{G}$ 含有旋转, 并且含有反射或滑动反射.

(i) 旋转角度为 $0, \bar{G} = \langle r \rangle$ 只含反射. 于是 G 有下述三种可能:

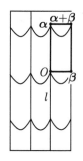 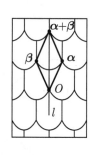 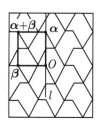

图 9.10

(a) $G = \langle t_\alpha, t_\beta, r \rangle$, α, β 的夹角是 $\dfrac{1}{2}\pi$, 反射轴为 α 所在的直线 l, $r^{-1} t_\alpha r = t_\alpha, r^{-1} t_\beta r = t_{-\beta}$;

(b) $G = \langle t_\alpha, t_\beta, r \rangle$, α, β 的夹角是 $\dfrac{1}{3}\pi$, 反射轴为角平

82

分线 l, $r^{-1}t_{\boldsymbol{\alpha}}r = t_{\boldsymbol{\beta}}$, $r^{-1}t_{\boldsymbol{\beta}}r = t_{\boldsymbol{\alpha}}$;

(c) $G = \langle t_{\boldsymbol{\alpha}}, t_{\boldsymbol{\beta}}, q \rangle$, $\boldsymbol{\alpha}, \boldsymbol{\beta}$ 的夹角是 $\frac{1}{2}\pi$, $q = t_{\frac{1}{2}\boldsymbol{\alpha}}r$, 滑动反射轴为 $\boldsymbol{\alpha}$ 所在的直线 l, $q^{-1}t_{\boldsymbol{\alpha}}q = t_{\boldsymbol{\alpha}}$, $q^{-1}t_{\boldsymbol{\beta}}q = t_{-\boldsymbol{\beta}}$, 见图 9.10.

(ii) 旋转角度为 π, $\bar{G} = \langle \rho_{\pi}, r \rangle$. 于是 G 有下述 4 种可能: 在 (a)~(d) 中, $G = \langle t_{\boldsymbol{\alpha}}, t_{\boldsymbol{\beta}}, \rho_{\pi}, r \rangle$, $\boldsymbol{\alpha}, \boldsymbol{\beta}$ 的夹角是 $\frac{1}{2}\pi$, $\rho_{\pi}^{-1}t_{\boldsymbol{\alpha}}\rho_{\pi} = t_{-\boldsymbol{\alpha}}$, $\rho_{\pi}^{-1}t_{\boldsymbol{\beta}}\rho_{\pi} = t_{-\boldsymbol{\beta}}$;

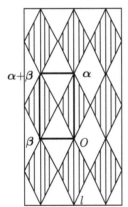
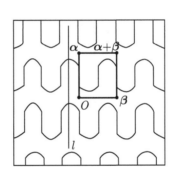
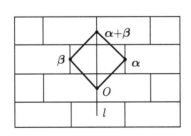
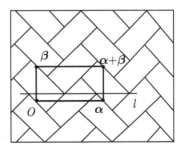

图 9.11

83

(a) 反射轴为 $\boldsymbol{\alpha}$ 所在的直线, 乘法运算为 $r^{-1}t_{\boldsymbol{\alpha}}r = t_{\boldsymbol{\alpha}}, r^{-1}t_{\boldsymbol{\beta}}r = t_{-\boldsymbol{\beta}}, (\rho_{\pi}r)^2 = \mathrm{id}$;

(b) 反射轴为 l, 不经过旋转中心, $r^{-1}t_{\boldsymbol{\alpha}}r = t_{\boldsymbol{\alpha}}, r^{-1}t_{\boldsymbol{\beta}}r = t_{-\boldsymbol{\beta}}, (\rho_{\pi}r)^2 = t_{\boldsymbol{\beta}}$;

(c) $r^{-1}t_{\boldsymbol{\alpha}}r = t_{\boldsymbol{\beta}}, r^{-1}t_{\boldsymbol{\beta}}r = t_{\boldsymbol{\alpha}}, (\rho_{\pi}r)^2 = \mathrm{id}$;

(d) $G = \langle t_{\boldsymbol{\alpha}}, t_{\boldsymbol{\beta}}, \rho_{\pi}, q \rangle, q = t_{\frac{1}{2}\boldsymbol{\alpha}}r$, 滑动反射轴为 l, 不经过旋转中心, 乘法运算为 $q^2 = t_{\boldsymbol{\alpha}}$, ρ_{π} 与 $t_{\boldsymbol{\alpha}}, t_{\boldsymbol{\beta}}$ 的运算同上, $r^{-1}t_{\boldsymbol{\alpha}}r = t_{\boldsymbol{\alpha}}, r^{-1}t_{\boldsymbol{\beta}}r = t_{-\boldsymbol{\beta}}, (\rho_{\pi}q)^2 = t_{-\boldsymbol{\beta}}$, 见图 9.11.

(iii) 旋转角度为 $\frac{2}{3}\pi$, $\bar{G} = \langle \rho_{\frac{2}{3}\pi}, r \rangle$. 于是 $G = \langle t_{\boldsymbol{\alpha}}, t_{\boldsymbol{\beta}}, \rho_{\frac{2}{3}\pi}, r \rangle$, $\boldsymbol{\alpha}, \boldsymbol{\beta}$ 的夹角是 $\frac{1}{3}\pi$, $\rho_{\frac{2}{3}\pi}^{-1}t_{\boldsymbol{\alpha}}\rho_{\frac{2}{3}\pi} = t_{-\boldsymbol{\beta}}, \rho_{\frac{2}{3}\pi}^{-1}t_{\boldsymbol{\beta}}\rho_{\frac{2}{3}\pi} = t_{\boldsymbol{\alpha}-\boldsymbol{\beta}}, (\rho_{\frac{2}{3}\pi}r)^2 = \mathrm{id}$. 反射轴 l 有下述两种可能:

(a) l 经过 $\boldsymbol{\alpha}$ 所在的直线, 乘法运算为 $r^{-1}t_{\boldsymbol{\alpha}}r = t_{\boldsymbol{\alpha}}, r^{-1}t_{\boldsymbol{\beta}}r = t_{\boldsymbol{\alpha}-\boldsymbol{\beta}}$; 或者

(b) l 是夹角的平分线, 运算为 $r^{-1}t_{\boldsymbol{\alpha}}r = t_{\boldsymbol{\beta}}, r^{-1}t_{\boldsymbol{\beta}}r = t_{\boldsymbol{\alpha}}$, 见图 9.12.

(iv) 旋转角度为 $\frac{1}{2}\pi$, $\bar{G} = \langle \rho_{\frac{1}{2}\pi}, r \rangle$. 于是 G 有下述两种可能:

(a) $G = \langle t_{\boldsymbol{\alpha}}, t_{\boldsymbol{\beta}}, \rho_{\frac{1}{2}\pi}, r \rangle$; 或者

(b) $G = \langle t_{\boldsymbol{\alpha}}, t_{\boldsymbol{\beta}}, \rho_{\frac{1}{2}\pi}, q \rangle$, 其中 $q = t_{\frac{1}{2}\boldsymbol{\alpha}}r$,

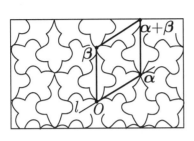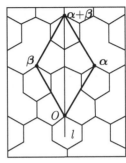

图 9.12

在两种情况下, α, β 的夹角都是 $\frac{1}{2}\pi$, 分别以 α 所在的直线为反射轴和滑动反射轴, 乘法运算为 $\rho_{\frac{1}{2}\pi}^{-1} t_\alpha \rho_{\frac{1}{2}\pi} = t_{-\beta}$, $\rho_{\frac{1}{2}\pi}^{-1} t_\beta \rho_{\frac{1}{2}\pi} = t_\alpha$. 不同之处在于, 情况 (a) 有 $r^{-1} t_\alpha r = t_\alpha$, $r^{-1} t_\beta r = t_{-\beta}$, $(\rho_{\frac{1}{2}\pi} r)^2 = \mathrm{id}$. 情况 (b) 有 $q^{-1} t_\alpha q = t_\alpha$, $q^{-1} t_\beta q = t_{-\beta}$, $(\rho_{\frac{1}{2}\pi} q)^2 = \mathrm{id}$, 见图 9.13.

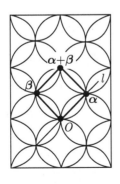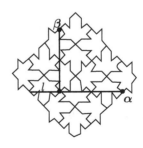

图 9.13

(v) 旋转角度为 $\frac{1}{3}\pi$, $\bar{G} = \langle \rho_{\frac{1}{3}\pi}, r \rangle$. 于是 G 只有一种可能: $G = \langle t_{\boldsymbol{\alpha}}, t_{\boldsymbol{\beta}}, \rho_{\frac{1}{3}\pi}, r \rangle$, $\boldsymbol{\alpha}, \boldsymbol{\beta}$ 的夹角是 $\frac{1}{3}\pi$, 以角平分线为反射轴, 乘法运算为 $\rho_{\frac{1}{3}\pi}^{-1} t_{\boldsymbol{\alpha}} \rho_{\frac{1}{3}\pi} = t_{\boldsymbol{\alpha}-\boldsymbol{\beta}}$, $\rho_{\frac{1}{3}\pi}^{-1} t_{\boldsymbol{\beta}} \rho_{\frac{1}{3}\pi} = t_{\boldsymbol{\alpha}}$, $r^{-1} t_{\boldsymbol{\alpha}} r = t_{\boldsymbol{\beta}}$, $r^{-1} t_{\boldsymbol{\beta}} r = t_{\boldsymbol{\alpha}}$, $(\rho_{\frac{1}{3}\pi} r)^2 = \mathrm{id}$, 见图 9.14.

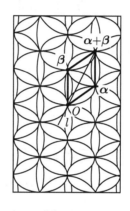

图 9.14

综上, 共有 17 种面饰.

例 9.2 在图 0.6 中, 如果将黄色和棕色的骑士视为不同, 则面饰的对称群由图 9.5 给出, 点群是 $\bar{G} = \{\mathrm{id}\}$. 如果不计颜色, 则面饰的对称群由图 9.10 情况 (c) 给出, 点群是 $\bar{G} = \langle r \rangle$, 对称群 $G = \langle t_{\boldsymbol{\alpha}}, t_{\boldsymbol{\beta}}, q = t_{\frac{1}{2}\boldsymbol{\alpha}} r \rangle$. 平面格点基是竖直向量 $\boldsymbol{\alpha}$ 和水平向量 $\boldsymbol{\beta}$, 夹角为 $\frac{\pi}{2}$. 长度分别为竖直和水平线上颜色相同的两个相邻骑士帽尖之间的距离. 滑动反射轴是过棕黄两色相邻骑士帽尖连线的

中点, 相互平行的无穷多条等距竖直线, 相邻直线之间的距离是 $\frac{|\beta|}{2}$.

习 题 9

1. 确定图 9.15 中图形的对称群.

$$\cdots\epsilon\ \epsilon\ \epsilon\ \epsilon\ \epsilon\ \cdots \qquad \cdots\Gamma\downharpoonleft\Gamma\downharpoonleft\Gamma\downharpoonleft\cdots$$

(a)   (b)

图 9.15

2. 确定图 9.16 中图形的对称群.

(a)   (b)

图 9.16

空间刚体运动

类似于平面, 也可以在空间定义刚体运动和运动群, 并且用它来描述空间图形的对称性.

首先, 在空间中建立直角坐标系 O-xyz, 则空间中的任意一点 P 有坐标 (x, y, z), 于是得到了空间的点与三元实数组的一一对应. 将三元实数组的集合记作 $\mathbb{R} \times \mathbb{R} \times \mathbb{R}$, 或者 $\mathbb{R}^3$.

空间中的两点 $P(x_1, y_1, z_1)$ 和 $Q(x_2, y_2, z_2)$ 之间的距离公式为

$$\sqrt{(x_1 - x_2)^2 + (y_1 - y_2)^2 + (z_1 - z_2)^2}.$$

定义 10.1 设 $m : \mathbb{R}^3 \to \mathbb{R}^3$ 是一个变换, 保持空间中任意两点间的距离不变, 则称 m 为一个空间**刚体运动**.

运用立体几何的知识, 可以证明空间刚体运动的一些简单性质.

引理 10.1 设 m 是一个空间刚体运动, 对于任意点

P, 记 $P' = m(P)$.

(1) m 将直线变到直线;

(2) m 将平面变到平面;

(3) m 不改变两条直线的夹角;

(4) 设直线 l 垂直于平面 RST, 则直线 $l' = m(l)$ 垂直于平面 $R'S'T'$.

证明 (1) 类似于引理 1.1 (2).

(2) 设空间三个不共线的点 R, S, T 确定一个平面 RST, 则空间刚体运动 m 将这个平面送到由 R', S', T' 确定的平面 $R'S'T'$. 任取平面 RST 上的点 P, 连接 PR, PT, 则 PR 与 RS 共面, PT 与 ST 共面 (图 10.1). 根据 (1), 直线 $P'R'$ 与 $R'S'$ 共面, 直线 $P'T'$ 与 $S'T'$ 共面, 所以 P' 在平面 $R'S'T'$ 上.

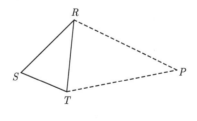

图 10.1

另一方面, 任取平面 $R'S'T'$ 上的点 P', 在平面 RST 上分别以 R, S, T 为圆心, $|R'P'|, |S'P'|, |T'P'|$ 为半径画圆,

则三个圆的交点 P 使得 $m(P) = P'$.

(3) 类似于引理 1.1 (3).

(4) 不妨设 l 的垂足为 R, 并取直线 l 上任意一点 P, 使得 $P \neq R$. 根据线面垂直的定义, $\angle PRS = \frac{1}{2}\pi$, $\angle PRT = \frac{1}{2}\pi$. 根据 (3), $\angle P'R'S' = \frac{1}{2}\pi$, $\angle P'R'T' = \frac{1}{2}\pi$. 再由线面垂直的判定, $l' \perp$ 平面 $P'R'S'$. 引理证毕.

定理 10.1 空间刚体运动的集合连同变换的乘法构成一个群, 记作 M_3.

证明 与平面的情况类似, 两个空间刚体运动的乘积仍然是刚体运动, 变换的乘积是 M_3 的一个运算.

(1) 结合律显然.

(2) 空间恒等变换是单位元.

(3) 现在需要证明每一个刚体运动都有逆变换. 设 m 是一个空间刚体运动, P' 是空间中任意一点. 先来证明存在空间中的点 P, 使得 $P' = m(P)$. 为此, 任取空间中的一个平面 $\mathcal{L}$, 记 $\mathcal{L}' = m(\mathcal{L})$. 从 P' 向 $\mathcal{L}'$ 引垂线, 垂足为 R', 根据引理 10.1(2), 存在 $\mathcal{L}$ 上的点 R, 使得 $m(R) = R'$. 如果 $P' = R'$, 则令 $P = R$, 有 $m(P) = P'$; 如果 $P' \neq R'$, 则作 $\mathcal{L}$ 的垂线 $P_1 P_2$ 以点 R 为垂足, 使得 $|RP_1| = |R'P'| = |RP_2|$. 因为 m 保持直角 (引理 10.1(3))

和长度不变, 可以断言, $P' = m(P_1)$ 或者 $P' = m(P_2)$, 总
之存在点 P, 使得 $m(P) = P'$, 如图 10.2 所示.

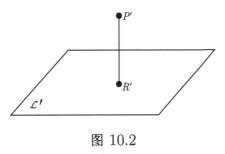

图 10.2

进一步, 这样的点 P 是唯一的. 如果存在一个点
$Q \neq P$, 使得 $m(Q) = P'$, 则 $0 \neq |PQ| = |P'P'| = 0$, 矛盾.
于是可以如下定义 m 的逆变换: 任取平面上的点 P', 如
果 $m(P) = P'$, 定义 $m^{-1}(P') = P$. 显然, $m^{-1} \in M$, 并且是
m 的逆变换. 定理证毕.

M_3 的任意子群都可以称为空间刚体**运动群**(the group
of motion). 平行于定义 3.5, 称一个空间刚体运动 m 为
空间图形 F 的**对称**, 如果 $m(F) = F$. 也可以类似于推论
3.1 证明, 空间图形 F 的对称的集合连同乘法运算构成
一个群, 称为 F 的**对称群**.

与 2 阶矩阵类似, 可以定义实数上的 3 阶矩阵, 当然
还有 $1 \times 3, 3 \times 1, 2 \times 3, 3 \times 2$ 阶矩阵. 两个矩阵相等、矩
阵的加法和乘法的定义类似于定义 4.1 和定义 4.2. 例

如, 两个 3×3 阶矩阵 $\boldsymbol{A} = (a_{ik}), \boldsymbol{B} = (b_{lj})$ 相乘, 得到一个 3×3 矩阵

$$\begin{pmatrix} a_{11} & a_{12} & a_{13} \\ a_{21} & a_{22} & a_{23} \\ a_{31} & a_{32} & a_{33} \end{pmatrix} \begin{pmatrix} b_{11} & b_{12} & b_{13} \\ b_{21} & b_{22} & b_{23} \\ b_{31} & b_{32} & b_{33} \end{pmatrix}$$

$$= \begin{pmatrix} a_{11}b_{11} + a_{12}b_{21} + a_{13}b_{31} & a_{11}b_{12} + a_{12}b_{22} + a_{13}b_{32} & a_{11}b_{13} + a_{12}b_{23} + a_{13}b_{33} \\ a_{21}b_{11} + a_{22}b_{21} + a_{23}b_{31} & a_{21}b_{12} + a_{22}b_{22} + a_{23}b_{32} & a_{21}b_{13} + a_{22}b_{23} + a_{23}b_{33} \\ a_{31}b_{11} + a_{32}b_{21} + a_{33}b_{31} & a_{31}b_{12} + a_{32}b_{22} + a_{33}b_{32} & a_{31}b_{13} + a_{32}b_{23} + a_{33}b_{33} \end{pmatrix}.$$

主对角线上的元素为 1, 其他元素取 0 的 3 阶单位矩阵记作 $\boldsymbol{I}_3$, 矩阵的转置见定义 4.3. 事实上, 第 4 章的这些定义适合于任意 $m \times n$ 阶矩阵.

设 l 是空间的一条直线, 空间围绕 l 转过角 θ 的刚体运动称为空间的一个**旋转**. 设 $\mathcal{L}$ 是空间的一个平面, 空间关于 $\mathcal{L}$ 的翻折是一个刚体运动, 称为空间的一个**反射**.

如果建立空间直角坐标系, 使得 Oz 轴在直线 l 上, 则空间围绕 Oz 轴逆时针转过角 θ 可以用点的坐标和三阶矩阵表示出来. 如果空间直角坐标系的 $O\text{-}xy$ 平面与 $\mathcal{L}$ 重合, 则空间关于 $\mathcal{L}$ 的反射也可以用点的坐标和三阶矩阵表示出来.

任取点 $P(x, y, z)$, $P' = m(P)$ 的坐标 (x', y', z') 在上述

两种情况下分别为

$$\begin{pmatrix} x' \\ y' \\ z' \end{pmatrix} = \begin{pmatrix} \cos\theta & -\sin\theta & 0 \\ \sin\theta & \cos\theta & 0 \\ 0 & 0 & 1 \end{pmatrix} \begin{pmatrix} x \\ y \\ z \end{pmatrix}$$

$$\begin{pmatrix} x' \\ y' \\ z' \end{pmatrix} = \begin{pmatrix} 1 & 0 & 0 \\ 0 & 1 & 0 \\ 0 & 0 & -1 \end{pmatrix} \begin{pmatrix} x \\ y \\ z \end{pmatrix}.$$

(10.1)

取定空间直角坐标系 $O\text{-}xyz$, l 是任意一条过原点的空间直线, 空间绕 l 的旋转是怎样用坐标表达的呢?

这件事情是被德国数学家欧拉解决的. 将保持坐标原点不变的任意一个空间旋转记作 m, 则坐标系 $O\text{-}xyz$ 在 m 的作用下仍然变到一个直角坐标系 $O\text{-}XYZ$. 设 $O\text{-}xy$ 与 $O\text{-}XY$ 这两个平面相交于直线 OR, 可以用三个角度来确定 $O\text{-}XYZ$ 的位置.

(1) 记 OR 与 Ox 的夹角为 $\psi(0 \leqslant \psi < 2\pi)$, 角度是面对 Oz 轴的正方向, 从 Ox 轴逆时针方向计算的;

(2) 记 Oz 轴与 OZ 轴的正方向的夹角为 $\theta(0 \leqslant \theta \leqslant \pi)$;

(3) 记 OR 与 OX 的夹角为 $\varphi(0 \leqslant \varphi < 2\pi)$, 角度是面

对 OX 轴的正方向, 从 OR 逆时针方向计算的.

(ψ, θ, φ) 这三个角度叫做欧拉角. 欧拉角是由旋转 m 唯一确定的, 每个角度都有各自的力学意义.

现在利用欧拉角, 通过三次旋转从 $O\text{-}xyz$ 到达 $O\text{-}XYZ$, 最初认为两个坐标系重合.

(i) 围绕 OZ 轴 (也就是 Oz 轴) 逆时针转过角 ψ, OX 轴到达 OR 的位置.

(ii) 围绕 OX 轴, 也就是 OR, 转过角 θ. 这时, OZ 轴到达了它的终极位置, 不再变动.

(iii) 围绕 OZ 轴逆时针转过角 φ, OX, OY 轴到达它们的最终位置.

记 $\boldsymbol{x} = (x\,y\,z)^{\mathrm{T}}$, 三次旋转对应的矩阵分别是 $\boldsymbol{A}, \boldsymbol{B}, \boldsymbol{C}$, 旋转后的坐标为 $\boldsymbol{x}', \boldsymbol{x}'', \boldsymbol{x}''' = (X\,Y\,Z)^{\mathrm{T}}$. 于是类似于定理 2.4, $\boldsymbol{x}' = \boldsymbol{A}\boldsymbol{x}, \boldsymbol{x}'' = \boldsymbol{B}\boldsymbol{x}', \boldsymbol{x}''' = \boldsymbol{C}\boldsymbol{x}''$, 依次代入得到 $\boldsymbol{x}''' = \boldsymbol{C}\boldsymbol{B}\boldsymbol{A}\boldsymbol{x}$, 这就是旋转变换的公式.

欧拉证明, 任意一个旋转都可以分解成上述三个旋转的乘积. 尽管欧拉对问题的回答使用了几何语言, 但根据他的论述, 应该是用代数的方法进行了计算. 下面可以看到用代数方法研究空间刚体运动时的威力.

设 m 是任意一个保持坐标原点不动的空间刚体运

动, 回忆定理 2.4 的证明, 可以平行地推导出 m 的类似于式 (4.1) 的矩阵表达. 记 $\boldsymbol{A}(1\,0\,0), \boldsymbol{B}(0\,1\,0), \boldsymbol{C}(0\,0\,1)$ 分别是三个坐标轴上的单位向量, 设 $\boldsymbol{A}' = m(\boldsymbol{A}) = (a_{11}\, a_{21}\, a_{31})$, $\boldsymbol{B}' = m(\boldsymbol{B}) = (a_{12}\, a_{22}\, a_{32})$, $\boldsymbol{C}' = m(\boldsymbol{C}) = (a_{13}\, a_{23}\, a_{33})$. 于是根据 $|OA'| = 1, |OB'| = 1, |OC'| = 1$ 以及 $\overrightarrow{OA} \perp \overrightarrow{OB}, \overrightarrow{OB} \perp \overrightarrow{OC}$, $\overrightarrow{OC} \perp \overrightarrow{OA}$, 可以得到

$$a_{1j}^2 + a_{2j}^2 + a_{3j}^2 = 1, \quad a_{1j}a_{1j'} + a_{2j}a_{2j'} + a_{3j}a_{3j'} = 0, \quad (10.2)$$

其中 $1 \leqslant j, j' \leqslant 3, j \neq j'$. 进一步, 式 (10.2) 成立当且仅当

$$\boldsymbol{A}^{\mathrm{T}}\boldsymbol{A} = \boldsymbol{I}_3, \quad (10.3)$$

其中

$$\boldsymbol{A} = \begin{pmatrix} a_{11} & a_{12} & a_{13} \\ a_{21} & a_{22} & a_{23} \\ a_{31} & a_{32} & a_{33} \end{pmatrix}.$$

平行于定义 4.4, 称 $\boldsymbol{A}$ 为 3 阶**正交矩阵**, $\boldsymbol{A}$ 确定了空间的一个**正交变换**. 平行于定理 4.1, 有如下定理:

定理 10.2 令 3 阶矩阵的集合

$$O_3 = \{\boldsymbol{A} \,|\, \boldsymbol{A}^{\mathrm{T}}\boldsymbol{A} = \boldsymbol{I}_3\},$$

则 O_3 是 M_3 的一个子群.

证明　任取 $A, B \in O_3$,

$$(AB)^{\mathrm{T}}AB = B^{\mathrm{T}}(A^{\mathrm{T}}A)B$$

$$= B^{\mathrm{T}}I_3 B = B^{\mathrm{T}}B = I_3,$$

所以 $AB \in O_3$, O_3 关于矩阵的乘法运算封闭. 结合律显然, $I_3 \in O_3$, 最后因为

$$A^{\mathrm{T}}A = I_3 = AA^{\mathrm{T}}, A^{-1} = A^{\mathrm{T}} \in O_3.$$

所以 O_3 是 M_3 的一个子群, 定理证毕.

O_3 称为 3 阶**正交群**, 或者空间正交变换群.

非常有趣的是, 任取 $A \in O_3$, 都可以选择以 O 为原点的适当的坐标系 $O\text{-}\bar{x}\bar{y}\bar{z}$, 使得正交变换在新坐标系下的公式成为式 (10.1) 中的一个. 也就是说, 由 A 确定的空间刚体运动或者是围绕某直线的旋转, 或者是关于某个平面的反射. 于是与推论 4.1 平行, 得到球面的对称群是 O_3.

这件事情的证明简洁漂亮, 但是要用到代数学更深入的知识, 在这里就不证了. 基于同样的原因, 下面的定理也不证了.

定理 10.3　设 O 是空间的任意一个定点, 则所有绕过 O 点的直线的旋转在变换的乘积下构成 O_3 的一个子群, 记作 SO_3, 称为空间**旋转群** (rotation group).

在第 11 章中, 将运用旋转群的概念来对它的有限子群进行分类.

类似于定理 2.1, 任意取定空间向量 $\boldsymbol{\alpha} = (u\,v\,w)^{\mathrm{T}}$, 任取空间的点 $P(x, y, z)$, 记 m 是空间按照向量 $\boldsymbol{\alpha}$ 的平移, 于是 $m(P)$ 的坐标 (x', y', z') 可以写成

$$\boldsymbol{x}' = \boldsymbol{x} + \boldsymbol{\alpha},$$

其中

$$\boldsymbol{x} = (x\,y\,z)^{\mathrm{T}}, \quad \boldsymbol{x}' = (x'\,y'\,z')^{\mathrm{T}}, \quad \boldsymbol{\alpha} = (u\,v\,w)^{\mathrm{T}}.$$

推论 10.1 设 m 是一个空间刚体运动, $P(x, y, z)$ 是空间任意一点, 则 $m(P)$ 的坐标 (x', y', z') 可以用矩阵的形式表示为

$$\boldsymbol{x}' = \boldsymbol{A}\boldsymbol{x} + \boldsymbol{\alpha},$$

其中 $\boldsymbol{A}$ 为一个正交矩阵.

证明与定理 2.4 平行, 留给读者. 换言之, 任意一个空间刚体运动都可以写成 $m = t_{\boldsymbol{\alpha}} m_0$ 的形式, 其中 m_0 为一个保持原点不动的空间刚体运动, $t_{\boldsymbol{\alpha}}$ 为按照向量 $\boldsymbol{\alpha}$ 的平移.

建立空间直角坐标系, 将以原点为中心, 单位长为半径的球面记作 S. 设 G 是 SO_3 的任意一个子群, 任取 $g \in G$, 则 g 是绕某条过原点的直线 l 的旋转. l 与 S 交

于两点 P_1, P_2, 称为 g 的**极点** (pole), 显然 $g(P_i) = P_i$. 例如, 考察中心在原点的正四面体 Δ 的对称群, 极点可以取 S 与下述直线的交点: 过原点和一个顶点、过原点和一条边的中点、过原点和一个面的中点 (图 10.3).

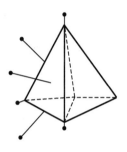

图 10.3

记 G 的极点的集合

$$\mathcal{P} = \{P \in S \,|\, 存在 g \in G, g \neq \mathrm{id}, g(P) = P\}.$$

引理 10.2 任取 $P \in \mathcal{P}, h \in G$, 则 $h(P) \in \mathcal{P}$.

证明 因为 $P \in \mathcal{P}$, 所以存在 $g \in G, g \neq \mathrm{id}$, 使得 $g(P) = P$. 又因为 $g, h \in G$, 所以 $hgh^{-1} \in G$. 于是有 $(hgh^{-1})(h(P)) = (hg)((h^{-1}h)(P)) = (hg)(P) = h(g(P)) = h(P)$, 并且 $hgh^{-1} \neq \mathrm{id}$; 否则, 假定 $hgh^{-1} = \mathrm{id}$, 则有 $hg = h, g = \mathrm{id}$, 矛盾. 于是 $h(P) \in \mathcal{P}$. 引理证毕.

回忆式 (6.1) 中定义的轨道, 也可以定义群 G 的作用在 $\mathcal{P}$ 中的轨道. 任取 $P \in \mathcal{P}$, 称集合

$$O_P = \{g(P) \mid \forall\, g \in G\} \subseteq \mathcal{P}$$

为点 P 在群 G 作用下的轨道.

引理 10.3 设集合 $G_P = \{h \in G \mid h(P) = P\}$, 则 G_P 是 G 的一个子群.

证明 任取 $h_1, h_2 \in G_P$, 则 $h_1(P) = P, h_2(P) = P$,

$$(h_1 h_2)(P) = h_1(h_2(P)) = h_1(P) = P,$$

所以 $h_1 h_2 \in G_P$, G_P 在 G 的运算下封闭. $\mathrm{id}(P) = P, \mathrm{id} \in G_P$, 如果 $h \in G_P, h(P) = P, P = h^{-1}(P), h^{-1} \in G_P$. 于是 G_P 在 G 的运算下也构成一个群, 是 G 的一个子群. 引理证毕.

引理 10.3 中给出的群 G_P 称为点 P 的**稳定子群** (stabilizer). 回忆定义 6.1, P 是子群 G_P 的不动点.

任取 $g \in G$, 记集合 $g G_P = \{gh \mid \forall\, h \in G_P\}$. 这里指出, G_P 与集合 $g G_P$ 的元素一一对应. 事实上, 任取 $h, h' \in G_P, h \neq h'$, 则 $gh \neq gh'$. 也就是说, $f : G_P \to g G_P, h \mapsto gh$ 是一个一一映射.

引理 10.4 设 G 是有限群, 则 G 的极点的集合 $\mathcal{P}$ 也是有限的. 并且有下述计算公式:

$$|G_P||O_P| = |G|. \tag{10.4}$$

99

证明 记 $|G_P| = r, |O_P| = n$, 设 $O_P = \{g_1(P), \cdots,$ $g_n(P)\}$, 使得任取 $1 \leqslant i, j \leqslant n, i \neq j, g_i(P) \neq g_j(P)$. 这里指出, $g_1 G_P, \cdots, g_n G_P$ 两两不交, 并且

$$G = g_1 G_P \cup \cdots \cup g_n G_P.$$

事实上, 如果对于 $1 \leqslant i, j \leqslant n, i \neq j, g_i G_P \cap g_j G_P \neq \varnothing$, 则存在 $g_i h_i = g_j h_j$, 其中 $h_i, h_j \in G_P$. 这时, $g_i(P) = g_i h_i(P) = g_j h_j(P) = g_j(P)$, 与所设矛盾. 其次, 任取 $g \in G$, 存在正整数 $1 \leqslant i \leqslant n$, 使得 $g(P) = g_i(P)$, 于是 $(g_i^{-1} g)(P) = P, g_i^{-1} g \in G_P, g \in g_i G_P$. 最后得到 $|G| = rn$. 引理证毕.

回忆定理 6.1, 类似可证如下引理:

引理 10.5 空间的有限刚体运动群有不动点.

习 题 10

1. 证明推论 10.1.
2. 证明引理 10.5.

正多面体的对称

在本章中讨论正多面体的对称群.

有些高中数学课本的阅读材料中提到过空间凸多面体的欧拉公式

$$F - E + V = 2,$$

其中 F, V, E 分别表示凸多面体的面数、顶点数和棱数. 关于欧拉公式的详细证明, 可以参见文献 [3]. 下面运用欧拉公式, 对正多面体进行分类.

引理 11.1 如果一个凸多面体的每个面都是 $n(\geqslant 3)$ 边形, 每一个顶点都是 $m(\geqslant 3)$ 条棱的公共端点, 则 n 与 m 的取值只能有表 11.1 列出的 5 种可能.

表 11.1

n	3	3	3	4	5
m	3	4	5	3	3

证明 根据假设, 一共有 F 个 n 边形. 因为每条棱都是两个 n 边形的公共边, nF 将每条棱都计算了两次,

所以

$$nF = 2E. \tag{11.1}$$

根据假设, 每一个顶点处都有 m 条棱, 因为每条棱都有两个端点, mV 将每条棱都计算了两次, 所以

$$mV = 2E. \tag{11.2}$$

将上述 $E = \dfrac{n}{2}F$ 和 $V = \dfrac{2}{m}E = \dfrac{n}{m}F$ 代入欧拉公式得到 $F + \dfrac{n}{m}F - \dfrac{n}{2}F = 2$, 或者

$$F(2m + 2n - mn) = 4m. \tag{11.3}$$

因为 F 和 m 都是正数, $2m+2n-mn > 0$, 即 $mn-2m-2n < 0$, 或者

$$(m-2)(n-2) < 4.$$

满足这一条件的 m, n 只有表 11.1 中列出的 5 种可能性. 引理证毕.

定理 11.1 正多面体只有 5 种, 分别为正四面体、正六面体、正八面体、正十二面体、正二十面体 (见图 11.1).

证明 将表 11.1 中的每对 (m, n) 的值依次代入式 (11.3), (11.1) 和 (11.2), 得到满足引理 11.1 条件的凸多面体的面数、棱数和顶点数如表 11.2 所示.

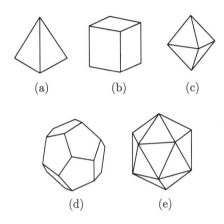

(a) (b) (c)

(d) (e)

图 11.1

表 **11.2**

	(n, m)	F	E	V
正四面体	(3, 3)	4	6	4
正六面体	(4, 3)	6	12	8
正八面体	(3, 4)	8	12	6
正十二面体	(5, 3)	12	30	20
正二十面体	(3, 5)	20	30	12

因为正多面体满足引理 11.1 的条件, 所以正多面体的面数、棱数和顶点数只有这 5 种可能. 另一方面, 根据作图, 这 5 种情况下的正多面体确实存在. 定理证毕.

在第 6 章已经看到, 平面的反射可以成为平面有界图形的对称, 如正多边形的对称群就是二面体群. 与之

不同的是,关于空间某个平面的反射显然不能成为空间图形的对称,因为后者将图形撕裂开了,所以只需要研究旋转群 SO_3, 而不是正交群 O_3 的有限子群即可.

定理 11.2 空间旋转群 SO_3 的任意一个有限子群是下述形式之一:

(1) 循环群 C_n, 由绕某条直线 l 转 $\dfrac{2}{n}\pi$ 的旋转生成;

(2) 二面体群 D_n, 由绕某条直线 l 转 $\dfrac{2}{n}\pi$ 的旋转, 以及绕垂直且相交于 l 的某直线 l' 转 π 的旋转生成;

(3) 四面体群 T, 由 20 个旋转组成, 是正四面体的对称群;

(4) 八面体群 O, 由 24 个旋转组成, 是正六面体 (正方体) 和正八面体的对称群;

(5) 二十面体群 I, 由 60 个旋转组成, 是正十二面体和正二十面体的对称群.

证明 设 G 是 SO_3 的任意一个阶为 N 的有限子群, 以不动点为原点 O 建立空间直角坐标系. 将极点 P 的轨道记为 O_P 且 $|O_P| = n_P$, 稳定子群记为 G_P 且 $|G_P| = r_P$, 过原点和点 P 的直线记为 l_P, 于是

$$G_P = \{g \in G \,|\, g\text{是围绕轴 } l_P\text{的旋转 }\}.$$

因为 G_P 是有限群, 所以将 G_P 的元素限制到过原点

垂直于 l_P 的平面上就得到了平面的有限旋转群. 根据定理 6.2(1), 这个群是由 ρ_θ 生成的循环群, 其中 $\theta = \dfrac{2}{r_P}\pi$.

现在不考虑 G 的单位元 id, 在集合 $G \setminus \{\mathrm{id}\}$ 中, 对于给定的极点 P, 以 P 为稳定点的元素都在 G_P 中, 共有 $r_P - 1$ 个. 另一方面, 当 P, O, Q 共线时, 因为旋转轴 $l_P = l_Q$, 所以 $G_P = G_Q$; 当 P, O, Q 不共线时, $l_P \neq l_Q$, $G_P \cap G_Q = \{\mathrm{id}\}$. 于是 $G \setminus \{\mathrm{id}\}$ 的每一个元素都有且仅有两个极点, 从而得到

$$\sum_{P \in \mathcal{P}} (r_P - 1) = 2(N - 1). \tag{11.4}$$

如果点 P, P' 在同一个轨道中, 则根据引理 10.4, $r_P n_P = N$. 因为 $O_P = O_{P'}, |O_P| = |O_{P'}|, r_P n_P = N = r_{P'} n_{P'}$, 所以 $r_P = r_{P'}$. 将式 (11.4) 左端的和式进行整理, 把同一个轨道的极点归为一类, 点 P 所在轨道确定的群元素的集合共有 $(r_P - 1) n_P$ 个元素.

设极点的集合可以划分为 s 个轨道, 即

$$\mathcal{P} = O_1 \cup \cdots \cup O_s,$$

于是得到

$$\sum_{i=1}^{s} (r_i - 1) n_i = 2N - 2. \tag{11.5}$$

最后因为 $N = r_i n_i (i = 1, \cdots, s)$, 将式 (11.5) 的两端同除以 N, 得到了一个著名的公式

$$2 - \frac{2}{N} = \sum_i \left(1 - \frac{1}{r_i}\right). \qquad (11.6)$$

式 (11.6) 蕴涵着大量的信息, 它告诉我们左端不超过 2, 而右端的每一项至少是 $\frac{1}{2}$, 因而轨道的个数 $s \leqslant 3$. 只要列出在三种情况下所有的可能性就可以了.

当 $s = 1$ 时, $2 - \frac{2}{N} = 1 - \frac{1}{r}$. 这是不可能的, 因为左端大于等于 1, 而右端小于 1;

当 $s = 2$ 时, $2 - \frac{2}{N} = \left(1 - \frac{1}{r_1}\right) + \left(1 - \frac{1}{r_2}\right)$, 或等价地, $\frac{2}{N} = \frac{1}{r_1} + \frac{1}{r_2}$.

(1) 因为 r_1, r_2 都是 N 的因数, 上式仅当 $r_1 = r_2 = N$ 时才能成立, 所以 $n_1 = n_2 = 1$. 只有两个极点 P, P', 它们是群 G 的不动点, 因而群 G 的元素只能是绕直线 PP' 的旋转, 也就是 N 阶循环群 C_N.

当 $s = 3$ 时, 式 (11.6) 给出

$$\frac{2}{N} = \frac{1}{r_1} + \frac{1}{r_2} + \frac{1}{r_3} - 1. \qquad (11.7)$$

将 r_1, r_2, r_3 按照从小到大的顺序排列. 因为稳定子群的

阶数都大于 1, 并且不能都大于等于 3; 否则, 右端会成为负数. 不妨设 $r_1 = 2$.

(2) 如果 $r_2 = 2$, 则 $r_3 = \dfrac{N}{2}$, $N = 2r_3$ 是一个偶数, 这时 $n_3 = 2$. 轨道 O_3 有两个极点 P, P', 任取 $g \in G$, g 或者固定 P, P' 不动, 或者将 P, P' 互换. 于是 P, P' 的稳定子群是绕直线 $l = PP'$ 的旋转群 C_r, 其中 $r = r_3$; 而使 P, P' 互换的旋转围绕过原点的某条直线转过了角 π, 因而使得过原点垂直于 l 的平面 $\mathcal{L}$ 翻转.

将群 G 的作用限制到平面 $\mathcal{L}$, 得到平面的旋转子群 C_r 和至少一个平面反射. 根据定理 6.2(2), 这个群是 D_r. 属于轨道 O_1, O_2 的极点可以看成一个正 r 边形的顶点或边的中点与原点的连线和单位球面 S 的交点, 各有 r 个. 正 r 边形关于这些连线的平面反射变成了空间绕该连线 $180°$ 的旋转.

现在回到式 (11.7), 仍设 $r_1 = 2$, 于是 $r_2 > 3, r_3 > 3$ 是不可能的, 因为 $\dfrac{1}{2} + \dfrac{1}{4} + \dfrac{1}{4} - 1 = 0$. 类似地, $r_1 = 2, r_2 = 3, r_3 > 5$ 也是不可能的, 因为 $\dfrac{1}{2} + \dfrac{1}{3} + \dfrac{1}{6} - 1 = 0$, 所以 (r_1, r_2, r_3) 按照从小到大的排列只可能有三种情况:

情况 (i) $(2, 3, 3), N = 12$;

情况 (ii) $(2, 3, 4), N = 24$;

情况 (iii) $(2, 3, 5), N = 60$.

按照这三种情况给出定理中后三条的证明.

(3) 在情况 (i), 三条轨道各有 $n_1 = 6, n_2 = 4, n_3 = 4$ 个元素, 它们分别等于正四面体的棱数 $E = 6$, 面数 $F = 4$ 和顶点数 $V = 4$. 轨道 O_1 中的极点是原点与各棱中点连线和单位球面 S 的交点, 共有 6 个, 形成三个旋转轴, 旋转角度为 π. 轨道 O_2 和 O_3 中的极点分别是原点与顶点连线 (也是原点与对应面中心的连线) 和 S 的交点, 各有 4 个, 形成 4 个旋转轴, 旋转角度为 $\frac{2}{3}\pi$ 和 $\frac{4}{3}\pi$. 这时, $G = T$ 是正四面体的对称群, 群的阶 $12 = 1 + 3 + 4 \times 2$.

(4) 在情况 (ii), 三条轨道各有 $n_1 = 12, n_2 = 8, n_3 = 6$ 个元素, 它们分别等于正八面体的棱数 $E = 12$, 面数 $F = 8$ 和顶点数 $V = 6$. 轨道 O_1 中的极点是原点与各棱中点连线和单位球面 S 的交点, 共有 12 个, 形成 6 个旋转轴, 旋转角度为 π. 轨道 O_2 中的极点是原点与各个面中心的连线, 共有 8 个, 形成 4 个旋转轴, 旋转角度为 $\frac{2}{3}\pi$ 和 $\frac{4}{3}\pi$. 轨道 O_3 中的极点是原点与顶点连线和 S 的交点, 共有 6 个, 形成三个旋转轴, 旋转角度是 $\frac{1}{4}\pi, \frac{2}{4}\pi$, 和 $\frac{3}{4}\pi$. 这时, $G = O$ 是正八面体的对称群, 群的

阶 $24 = 1 + 6 + 4 \times 2 + 3 \times 3$.

正方体的面数是 $F = 6$, 顶点数是 $V = 8$. 取正方体 6 个面的中心作为顶点, 可以得到正八面体的 6 个顶点和 8 个面, 将正八面体镶嵌到正方体中. 因此, O 也是正方体的对称群.

(5) 在情况 (iii), 三条轨道各有 $n_1 = 30, n_2 = 20, n_3 = 12$ 个元素, 它们分别等于正二十面体的棱数 $E = 30$, 面数 $F = 20$ 和顶点数 $V = 12$. 轨道 O_1 中的极点是原点与各棱中点连线和单位球面 S 的交点, 共有 30 个, 形成 15 个旋转轴, 旋转角度为 π. 轨道 O_2 中的极点是原点与各个面中心的连线和 S 的交点, 共有 20 个, 形成 10 个旋转轴, 旋转角度为 $\frac{2}{3}\pi$ 和 $\frac{4}{3}\pi$. 轨道 O_3 中的极点是原点与顶点连线和 S 的交点, 共有 12 个, 形成 6 个旋转轴, 旋转角度是 $\frac{2}{5}\pi, \frac{4}{5}\pi, \frac{6}{5}\pi, \frac{8}{5}\pi$. 这时, $G = I$ 是正二十面体的对称群, 群的阶 $60 = 1 + 15 + 10 \times 2 + 6 \times 4$.

正十二面体的面数是 $F = 12$, 顶点数是 $V = 20$. 取正十二面体各面的中心作为顶点, 可以得到正二十面体的 12 个顶点和 20 个面, 将正二十面体镶嵌到正十二面体中. 因此, I 也是正十二面体的对称群. 定理证毕.

在本节的最后指出, 平行于平面晶体群, 也可以对空

间晶体群进行分类, 它们是空间刚体运动群 M_3 的离散子群. 因为空间可以沿三个不共面的方向平移, 所以 M_3 中的平移子群 T_3 比 T_2 复杂很多, 空间晶体群的分类也就比平面晶体群复杂很多. 空间晶体群共有 230 种, 分属于 32 类晶体点群. 这个数字太大, 还可以粗略地将它们分成 17 个晶系.

在自然界中, 晶体的物理对称性是由它内部原子的排列所揭示的.

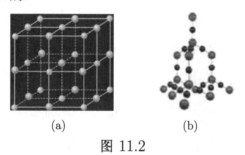

(a)   (b)

图 11.2

例如, 图 11.2(a) 是食盐, 即氯化钠 (NaCl) 晶体中原子排列的模型, 其中绿点代表钠原子, 红点代表氯原子; (b) 是沙子的主要成分二氧化硅 (SiO$_2$) 晶体中原子排列的模型, 其中红点代表硅原子, 蓝点代表氧原子. 对于晶体而言, 使晶体中原子的排列保持不变的刚体运动就是晶体的一个对称, 所有这样的对称连同运动的乘法构成了晶体的对称群.

  1885 年, 俄国数学家费多罗夫完成了空间晶体群的分类, 成为现代晶体结构学和矿物学的奠基人之一.

  1912 年, 年轻的德国物理学家劳厄首次用较窄的 X 射线照射某个晶体, 并在晶体的后面放置照相胶卷, 结果发现 X 射线被单位晶格转向, 在胶卷上以点的形式出现, 从而用物理实验证实了晶体的点阵结构, 并因此获得了 1914 年度诺贝尔物理学奖.

群论的起源

在本书中可以看到群论在描述图形对称方面的巨大威力,不仅在几何课上见到的一系列图形,如圆、正多边形、正多面体的对称性可以用群来描述,就连日常生活中常见的花边、墙纸、地砖的花纹也能用群来描述.

群论的作用远远不限于描述图形的对称.

群论起源于求解多项式方程. 对于解方程人们已经很熟悉了,从小学就会解一元一次方程,到了中学学习了解一元二次方程 $ax^2 + bx + c = 0 (a \neq 0)$,相信求解公式

$$x = \frac{-b \pm \sqrt{b^2 - 4ac}}{2a}$$

每个人都会背得滚瓜烂熟,但是这样一个公式怎么能跟群论扯上关系呢?

在公元前 1700 年,古埃及就有解一次方程和二次方程的文字记载了.

从先秦至西汉中期,中国古代众多学者编纂修改而成《九章算术》一书,其中的"方程术"讨论了线性方程

组的解法. 书中还提出了负数的概念, 以及开平方、开立方的算法.

公元 3 世纪, 古希腊出现了丢番图的《算术》一书, 书中创造和使用了一套特殊的记号, 形成了后世代数符号的雏形.

代数这个名词是在公元 830 年由阿拉伯天文学家花拉子米在他的著作 *al-jabr w almuqabala* 一书中首先使用的, al-jabr 的原意是 "复原", 意思是说在方程的一边去掉一项就必须在另一边加上这一项才能恢复平衡. 例如, 要从 $x^2 - 7 = 3$ 中把 -7 去掉, 就必须写成 $x^2 = 7 + 3$. Almuqabala 的意思是化简, 如 $3x$ 和 $7x$ 可以并成 $10x$, 或者从方程两端消去相同的项. 后来, 此书被译成希腊文和英文, 逐步转变为名词 algebra, 中文翻译为代数. 花拉子米的书中还把求解方程的未知量称为 "求根".

在公元 16 世纪的文艺复兴时期, 意大利数学家费罗、塔尔塔利亚、卡尔达诺和费拉里等给出了三次和四次方程的求解公式. 法国数学家韦达探讨了用多项式的因式分解求解代数方程的方法, 并引入了系统化的数学符号体系, 这种符号体系使代数有可能成为一门独立的学科.

直到 19 世纪初, 人们仍沿用古代阿拉伯数学家的观点, 将代数学看成是解代数方程的学问. 在 17~19 世纪大约 200 年的时间里, 代数学家们把注意力集中在求五次和五次以上代数方程的公式解上, 但出乎预料的是, 求解的努力均以失败告终.

德国数学家高斯 1801 年在他的著作《算术》的最后一节考察了方程

$$x^p - 1 = 0,$$

其中 p 为素数. 这个方程通常称为分圆方程, 这是因为方程的根平均分布在复平面的单位圆上, 成为正 p 边形的 p 个顶点. 高斯证明了分圆方程的解可以用根式表出.

法国数学家拉格朗日注意到了多项式方程的根在置换下的不变性, 进而猜想 "不可能用根式解四次以上的一般方程".

1824 年, 年轻的挪威数学家阿贝尔证明了拉格朗日猜想, 即四次以上的方程不可能有像 1, 2, 3, 4 次方程那样用根号表达的求解公式. 他还引进了 "域" 这一重要的近代数学概念. 阿贝尔在 27 岁时因贫病去世, 为了纪念他, 挪威设立了世界性的阿贝尔数学奖.

那么什么样的方程才能够用根式求解呢? 19 世纪

初, 天才的法国数学家伽罗瓦对此作出了完全的解答.

伽罗瓦 (1811 年 10 月 25 日 ~1832 年 5 月 31 日) 在这个世界上只生活了 20 年零 7 个月. 伽罗瓦出生于法国的一个富裕家庭, 双亲受过良好的教育. 他在 12 岁前由母亲教导, 12 岁进入巴黎著名的路易大帝中学, 成绩优异. 他 14 岁开始迷恋数学, 仔细研读了拉格朗日、高斯、柯西和阿贝尔的著作.

1828 年中学毕业后, 伽罗瓦希望进入在法国威望很高, 并且有多位数学家任教的巴黎综合理工学院深造, 但是由于口试时回答问题失误而落选了. 他于同年进入了巴黎师范学院预科, 在入学后不久发表了他的第一篇数学论文. 与此同时, 他将自己对多项式方程的研究结果送往法国科学院. 文章被数学家柯西因不够清晰而拒稿了. 但是柯西看到了伽罗瓦工作的重要性, 建议他将自己的想法整理成一篇文章参加科学院数学奖项的竞争. 1829 年, 伽罗瓦第二次参加综合理工学院的入学考试, 因为顶撞老师而再次落选. 1830 年, 伽罗瓦按照柯西的建议将整理好的文章上交, 由科学院的秘书、数学家傅里叶审查, 不幸的是傅里叶很快去世了, 文章弄丢了. 在这一年, 一份期刊上发表了他的三篇文章, 两篇有关

伽罗瓦理论的基础,一篇提出了有限域的概念.

伽罗瓦生活在法国社会剧烈动荡的时代,他在研究数学的同时,还以极大的热情卷入了政治纷争.他在报纸上发表长文抨击师范学院的校长,导致被学校开除,又因为参加政治活动两次被捕入狱.

1831 年初,伽罗瓦根据数学家泊松的建议写了"关于用根式解方程的可解性条件",但半年之后仍然被退稿了,理由是难以理解,无法判断.尽管如此,泊松还是鼓励他写一份详尽的说明.收到泊松的信件时,伽罗瓦已在狱中.伽罗瓦于 1932 年 4 月 29 日出狱,一个月后的 5 月 30 日因为一位女子与人决斗身亡.在决斗的前夜,伽罗瓦起草了一份匆忙写成的说明,托付给他的朋友.他在遗书手稿旁注中写道:"要完成这个证明还需要做些工作,我没有时间了."

伽罗瓦用他短短 20 年的生命,为人类数学事业的发展作出了巨大的贡献.

自 1831 年伽罗瓦去世后的 40 年间,数学界始终没有理解和接受他的思想.直到 1870 年,法国数学家若尔当在他的著作《置换和代数方程专论》中,才第一次全面而清晰地介绍了伽罗瓦理论.从此,伽罗瓦理论逐步

进入了人们的视线, 成为现代代数学的基础.

伽罗瓦引进了群的概念, 证明了方程是根式可解的当且仅当方程根的置换群是"可解群". 本书无法阐述伽罗瓦理论的全貌, 仅仅给出置换群的定义.

设 X 是一个含有 n 个元素的有限集, 因为元素的性质对于我们来说是非本质的, 不妨设 $X = \{1, 2, \cdots, n\}$. 用小写希腊字母 $\sigma : X \to X$ 表示 X 的一一变换, 称之为 X 的一个**置换** (permutation). X 的全体置换构成的集合记作 S_n.

设 $\sigma : X \to X, k \to \sigma(k)$ 是 X 的一个置换. 对任意的 $k = 1, 2, \cdots, n$, 将 $\sigma(k)$ 记作 i_k, 则 σ 可以直观地表述成下面的形式:

$$\sigma = \begin{pmatrix} 1 & 2 & \cdots & n \\ i_1 & i_2 & \cdots & i_n \end{pmatrix},$$

其中 $i_1, i_2, \cdots, i_n$ 是符号 $1, 2, \cdots, n$ 的一个排列. 这种记法明确地指出了 X 的所有元素在 σ 之下的象:

$$
\begin{array}{ccccc}
& 1 & 2 & \cdots & n \\
\sigma : & \downarrow & \downarrow & \cdots & \downarrow \\
& i_1 & i_2 & \cdots & i_n
\end{array}
$$

注意到 σ 的象与 $1, 2, \cdots, n$ 的顺序无关, 仅与 k 下方的元素 i_k 有关. 如果将 $1, 2, \cdots, n$ 按照 $k_1, k_2, \cdots, k_n$ 的方式

排列, 则

$$\begin{pmatrix} k_1 & k_2 & \cdots & k_n \\ i_{k_1} & i_{k_2} & \cdots & i_{k_n} \end{pmatrix}$$

与 σ 表示同一个置换. 例如, $X = \{1, 2, 3\}$,

$$\begin{pmatrix} 1 & 2 & 3 \\ 3 & 2 & 1 \end{pmatrix} = \begin{pmatrix} 1 & 3 & 2 \\ 3 & 1 & 2 \end{pmatrix} = \begin{pmatrix} 2 & 1 & 3 \\ 2 & 3 & 1 \end{pmatrix}$$

$$= \begin{pmatrix} 2 & 3 & 1 \\ 2 & 1 & 3 \end{pmatrix} = \begin{pmatrix} 3 & 1 & 2 \\ 1 & 3 & 2 \end{pmatrix} = \begin{pmatrix} 3 & 2 & 1 \\ 1 & 2 & 3 \end{pmatrix}.$$

对于 $\sigma, \tau \in S_n$, 定义 σ 与 τ 的**乘积** $\cdot$ 是变换的乘积 (通常将乘法运算的符号省略):

$$(\sigma\tau)(i) = \sigma(\tau(i)).$$

例 12.1 设

$$\sigma = \begin{pmatrix} 1 & 2 & 3 & 4 \\ 2 & 3 & 4 & 1 \end{pmatrix}, \quad \tau = \begin{pmatrix} 1 & 2 & 3 & 4 \\ 4 & 3 & 2 & 1 \end{pmatrix},$$

则有

$$\begin{array}{cccc} & 1 & 2 & 3 & 4 \\ \tau: & \downarrow & \downarrow & \downarrow & \downarrow \\ & 4 & 3 & 2 & 1 \\ \sigma: & \downarrow & \downarrow & \downarrow & \downarrow \\ & 1 & 4 & 3 & 2 \end{array}$$

从而

$$\sigma\tau = \begin{pmatrix} 1 & 2 & 3 & 4 \\ 2 & 3 & 4 & 1 \end{pmatrix} \begin{pmatrix} 1 & 2 & 3 & 4 \\ 4 & 3 & 2 & 1 \end{pmatrix} = \begin{pmatrix} 1 & 2 & 3 & 4 \\ 1 & 4 & 3 & 2 \end{pmatrix}.$$

再次提醒这里的乘法是先作用 τ, 后作用 σ. 按照同样的法则,

$$\tau\sigma = \begin{pmatrix} 1 & 2 & 3 & 4 \\ 4 & 3 & 2 & 1 \end{pmatrix} \begin{pmatrix} 1 & 2 & 3 & 4 \\ 2 & 3 & 4 & 1 \end{pmatrix} = \begin{pmatrix} 1 & 2 & 3 & 4 \\ 3 & 2 & 1 & 4 \end{pmatrix}.$$

由此可以看出 $\sigma\tau \neq \tau\sigma$, 因而置换的乘法不满足交换律.

例 12.2 根据置换乘法的定义, 很容易求出一个置换的逆置换

$$\sigma = \begin{pmatrix} i_1 & i_2 & \cdots & i_n \\ j_1 & j_2 & \cdots & j_n \end{pmatrix}, \quad \sigma^{-1} = \begin{pmatrix} j_1 & j_2 & \cdots & j_n \\ i_1 & i_2 & \cdots & i_n \end{pmatrix}.$$

定理 12.1 在 n 元置换的集合 S_n 中, 可以定义乘法 $\cdot$, 并且乘法满足下述规律:

(1) 结合律;

(2) 存在恒等置换 ι, 即任取 $\sigma \in S_n$, $\sigma \cdot \iota = \sigma = \iota \cdot \sigma$;

(3) 每个元素都可逆, 即任取 $\sigma \in S_n$, 存在 $\sigma^{-1} \in S_n$, 使得 $\sigma \cdot \sigma^{-1} = \iota = \sigma^{-1} \cdot \sigma$.

$(S_n, \cdot)$, 或简记作 S_n, 称为 n 元**对称群** (symmetric group). 对称群的任意一个子群都称为**置换群** (permutation group). 在定义 3.1 中给出的循环群 C_n, 在定义 3.2

中给出的二面体群 D_n 都是 S_n 的子群, 因而是置换群. 事实上, 这两个群都是由正 n 边形 n 个顶点的置换组成的.

下面来计算 S_n 的阶. 符号 1 在置换 σ 的作用下变成了符号 $\sigma(1)$, $\sigma(1)$ 共有 n 种不同的取法; 确定了 $\sigma(1)$ 之后, $\sigma(2)$ 只能从剩下的 $n-1$ 个符号中去取, 共有 $n-1$ 种不同的取法; 在 $\sigma(1)$ 和 $\sigma(2)$ 取定后, $\sigma(3)$ 只能从去掉 $\sigma(1), \sigma(2)$ 后剩下的 $n-2$ 个符号中去取. 以此类推, $\sigma(1), \sigma(2), \cdots, \sigma(n)$ 的所有可能的选取共有 $n(n-1)\cdots 2 \cdot 1 = n!$ 种, 即 $|S_n| = n!$. 这也是在中学熟知的 n 个元素的所有不同的排列的个数.

解方程与置换有什么关系呢?

我们一定不会忘记韦达定理: 如果二次方程 $x^2 + a_1 x + a_2 = 0$ 的根是 x_1, x_2, 则

$$\begin{cases} -a_1 = x_1 + x_2, \\ a_2 = x_1 x_2. \end{cases}$$

类似地, 如果三次方程 $x^3 + a_1 x^2 + a_2 x + a_3 = 0$ 的根是 x_1, x_2, x_3, 则

$$\begin{cases} -a_1 = x_1 + x_2 + x_3, \\ a_2 = x_1 x_2 + x_2 x_3 + x_3 x_1, \\ -a_3 = x_1 x_2 x_3. \end{cases}$$

这件事情很容易证明,只要考虑到方程左端与 $(x-x_1)(x-x_2)(x-x_3)$ 相等,比较展开式两端的系数就可以了.

更一般地,如果 n 次方程 $x^n+a_1x^{n-1}+\cdots+a_{n-1}x+a_n=0$ 的根是 $x_1,x_2,\cdots,x_n$,则

$$\begin{cases} -a_1 = x_1 + x_2 + \cdots + x_n, \\ \qquad\vdots \\ (-1)^k a_k = \displaystyle\sum_{i_1<i_2<\cdots<i_k} x_{i_1}x_{i_2}\cdots x_{i_k}, \\ \qquad\vdots \\ (-1)^n a_n = x_1x_2\cdots x_n. \end{cases} \tag{12.1}$$

设 $f(x_1,x_2,\cdots,x_n)$ 是一个关于 $x_1,x_2,\cdots,x_n$ 的 n 元多项式,任取 $\sigma \in S_n$,可以定义一个多项式

$$(\sigma f)(x_1,x_2,x_3) = f(x_{\sigma(1)},x_{\sigma(2)},\cdots,x_{\sigma(n)}).$$

例如,$f(x_1,x_2,x_3) = 3x_1^3x_2+5x_2x_3^2-x_1x_2x_3, \sigma = \begin{pmatrix} 1\,2\,3 \\ 3\,1\,2 \end{pmatrix}$,则 $(\sigma f)(x_1,x_2,x_3) = 3x_3^3x_1+5x_1x_2^2-x_3x_1x_2$. 显然,$(\sigma f)(x_1,x_2,x_3) \neq f(x_1,x_2,x_3)$.

非常奇妙的是,在式 (12.1) 中,无论取 S_n 的什么元素,都不会使等式右端的任何一个多项式发生改变.

例 12.3 取 $f(x_1,x_2,x_3) = x_1x_2 + x_2x_3 + x_3x_1, \sigma = \begin{pmatrix} 1\,2\,3 \\ 3\,1\,2 \end{pmatrix}$,则

$$(\sigma f)(x_1, x_2, x_3) = x_3 x_1 + x_1 x_2 + x_2 x_3 = f(x_1, x_2, x_3).$$

定义 12.1 设 $f(x_1, x_2, \cdots, x_n)$ 是一个 n 元多项式. 如果任取 $\sigma \in S_n$ 都有 $(\sigma f)(x_1, x_2, \cdots, x_n) = f(x_1, x_2, \cdots, x_n)$, 则称 $f(x_1, x_2, \cdots, x_n)$ 为一个**对称多项式** (symmetric polynomial). 特别地, 式 (12.1) 右端的多项式称为**初等**(elementary) 对称多项式.

一般 n 次方程有没有公式解, 可以转化成根的对称群 S_n 有没有好的性质, 称之为可解性. 群论中证明了 S_2, S_3, S_4 有可解性, 而当 $n \geqslant 5$ 时, 对称群 S_n 没有可解性. 一个具体的 n 次方程有没有公式解, 就要看方程根的置换群有没有可解性. 解方程和置换这两件完全不相干的事情, 被伽罗瓦理论奇妙地联系起来了.

当然, 整个伽罗瓦理论的证明涉及很多数学概念, 如域论, 也就是说, 方程的系数取自哪种数的集合, 这种集合又是怎样逐步扩充, 将方程的根包括进去的. 域的概念可以在本套丛书许以超的《角能三等分吗》中看到; 关于复数域, 则可以在李忠的《复数的故事》中看到.

群的概念的引进导致了代数学在对象、内容和方法上的深刻变革, 成为近代代数学的发端. 而定义 3.3 中群的简洁明了的结构成为现代代数学的理论基石, 令人叹

为观止.

在 20 世纪上半叶,整个数学大厦得到了根本性的改造. 代数不再单纯是解多项式方程的学科,而转变成对各种代数结构及其性质的研究,开始坚定地沿着公理化和抽象化的道路发展.

现代数学有着许多深刻而重大的发现,并成为今天科学技术高度发达的、数字化时代的基础学科. 在未来的学习中,同学们将会接触到现代数学丰富多彩的研究领域,也会看到数学在物理、化学、生物学、经济学、计算科学等各个学科领域中不可替代的作用.

参考文献

[1] Artin M. Algebra. 北京：机械工业出版社, 2004

[2] Johnson D L. Symmetries. London: Springer-Verlag London Limited, 2001

[3] 江泽涵. 多面形的欧拉定理和闭曲面的拓扑分类 (数学小丛书 12). 北京：科学出版社, 2006

[4] 段学复. 对称 (数学小丛书 2). 北京：科学出版社, 2006

[5] 克莱因 M. 古今数学思想. 北京大学数学系数学史翻译组译. 上海：上海科学技术出版社, 1984

[6] 郭佳意, 董正林. 对称群在面饰分类中的应用. 数学通报, 2007, (9)：60–62; (10)：60–64

[7] 维基百科